奇迹公式

THE MIRACLE EQUATION

The Two Decisions That Move Your Biggest Goals from
Possible, to Probable, to Inevitable

〔美〕哈尔·埃尔罗德（Hal Elrod） 著

王正林 译

Hal Elrod

中国科学技术出版社
·北 京·

北京市版权局著作权合同登记　图字：01-2022-4396 号。

图书在版编目（ＣＩＰ）数据

奇迹公式 / （美）哈尔·埃尔罗德著；王正林译
. —— 北京：中国科学技术出版社，2022.11（2023.8 重印）
书名原文：The Miracle Equation: The Two Decisions That Move Your Biggest Goals from Possible, to Probable, to Inevitable
ISBN 978-7-5046-9650-2

Ⅰ.①奇… Ⅱ.①哈… ②王… Ⅲ.①成功心理－通俗读物 Ⅳ.① B848.4-49

中国版本图书馆 CIP 数据核字 (2022) 第 100563 号

执行策划	黄　河　桂　林	
责任编辑	申永刚	
策划编辑	申永刚　方　理	
特约编辑	魏心遥	
封面设计	东合社·安宁	
版式设计	王永锋	
责任印制	李晓霖	

出　　版	中国科学技术出版社
发　　行	中国科学技术出版社有限公司发行部
地　　址	北京市海淀区中关村南大街 16 号
邮　　编	100081
发行电话	010-62173865
传　　真	010-62173081
网　　址	http://www.cspbooks.com.cn

开　　本	787mm×1092mm　1/32
字　　数	171 千字
印　　张	8
版　　次	2022 年 11 月第 1 版
印　　次	2023 年 8 月第 2 次印刷
印　　刷	深圳市精彩印联合印务有限公司
书　　号	ISBN 978-7-5046-9650-2/B·102
定　　价	59.80 元

（凡购买本社图书，如有缺页、倒页、脱页者，本社发行部负责调换）

当你怀着

坚定不移的信念去生活

并付出非同常人的努力时，

你就是奇迹专家。

THE MIRACLE EQUATION

When you live with

Unwavering Faith and put forth

Extraordinary Effort,

you are a Miracle Maven.

罗伯特・清崎（Robert Kiyosaki)
《富爸爸穷爸爸》（*Rich Dad Poor Dad*）作者

　　哈尔简直是个天才，他提供了最好的个人成长计划，重塑了数世纪以来人们对于改变的认知，还为读者提供了最有效的个人提升项目。

梅尔・罗宾斯（Mcl Robbins）
畅销书《5秒法则》（*The 5 Second Rule*）作者

　　你离实现想要的一切仅差两个决定。我的朋友哈尔・埃尔罗德将这两个决定简化为实现结果的简单方程式。遵循它，你的成功几乎就得到了保证。如果你想要使你最大的目标从不可能变为可能，甚至必定实现，最好的方法就是阅读《奇迹公式》。

杰弗里·吉特默（Jeffrey Gitomer）
畅销书《销售圣经》（*The Sales Bible*）**作者**

哈尔·埃尔罗德完全可以称得上是励志典范，他不仅总结了自己传奇经历中的经验，还教你如何创造自己的奇迹。

赖德·卡罗尔 (Ryder Carroll)
"子弹笔记"创始人

你如果不相信奇迹，就不会遇到哈尔。在生活和工作中，他都表现出色。现在，他将向你展示如何做到这一点。

刘易斯·豪斯（Lewis Howes）
《纽约时报》畅销书《伟大学院》（*The School of Greatness*）**作者**

《奇迹公式》不仅是一本书，还是我自己用来实现超我所想目标的伟大公式。哈尔·埃尔罗德揭开了奇迹的神秘面纱，为你提供了一种简单有效的公式，可使你在生活中创造非凡的成就。强烈推荐。

J.J. 维尔京（J.J. Virgin）
《纽约时报》畅销书《维尔京饮食》（*The Virgin Diet*）**作者**

哈尔·埃尔罗德本来就是一个奇迹。从两次战胜死亡到以他的著作《早起的奇迹》改变世界，他的人生恰好是奇迹公式行之有效的证据。阅读本书，创建自己一生想要的一切吧。

莱拉·阿里（Laila Ali）
四次不败世界冠军拳击手，《生命之粮》(*Food for Life*)作者

　　哈尔解构并简化了使各行各业的精英运动员和顶尖表演者成功的秘诀。加入《奇迹公式》的学习，你将不用再艳羡他人。

戴夫·阿斯普雷 (Dave Asprey)
防弹咖啡创始人兼首席执行官

　　如果你想听听他人对奇迹的看法，那你就应该听听哈尔·埃尔罗德的看法。

约翰·鲁林 (John Ruhlin)
《礼物学》(*Giftology*)作者，Ruhlin Group 公司的创始人

　　近 20 年前我第一次听说哈尔教奇迹公式，从那以后我就看到他一次又一次地战胜死亡，并取得非凡的成功和影响力，同时克服了所有威胁他生命的障碍。这恰好是历史上每个成功人士都曾经使用过的精确公式，并且你可以用来克服使你退缩的一切，并实现你想要的一切。

改变人生的早起之书
真诚和你分享《早起的奇迹》

要么躺在床上等待生活的暴击
要么早起创造奇迹

上市 8 年畅销 90 多个国家，已被翻译成 37 种语言

从现在开始，揭开创造奇迹的奥秘

在我写上一本书《早起的奇迹：那些能够在早晨 8:00 前改变人生的秘密》（ *The Miracle Morning*，以下简称《早起的奇迹》）时，我就设定了一个目标。

我的目标是改变 100 万人的人生，每次改变从一个早晨开始。我认真对待这个目标。我用了超过一年半的时间不间断地宣传这本书，使之在书市上掀起了一股销售热潮，但我花了 5 年多时间才达到我的目标。

最终，这本书广受欢迎，100 多万需要它的读者购买了它。为了实现我的目标，我接受了数百次播客录制，十多次电视采访，无数次的演讲邀请，并且创建了一个脸书①社群，以便直接与读者互动。所有这一切，都是为了给那些希望通过简单、高效的日常个人发展

①脸书（Facebook）公司于 2021 年 10 月 28 日更名为元宇宙（Meta）。——译者注（下文中除非特别注明，注释皆为译者注）

实践来提升自己的人们点亮一盏指路明灯。

在外人看来，我似乎已经实现了改变100万人人生的目标。如果你是那100万名读者中的一员，加入了《早起的奇迹》的脸书社群，或者深受这本书的影响，你可能会想，产生了如此重大影响并帮助了如此多人的这本书，怎么可能不畅销呢？我知道其中原因。我自己也花了一段时间才接受这个现实。我的意思是不论从什么角度来衡量，我似乎确实已经达到了我的目标。

如今，每天都有成千上万名来自100多个国家的人在生活中践行"早起的奇迹"。我每天都会收到人们发来的信息，他们或者讲述自己奇迹般康复的故事（从癌症患者到事故受害者），或者告诉我减掉了许多体重、写了很多书、创办了新的公司。人们四处活动、旅行、发现爱。总的来说，《早起的奇迹》鼓励了无数人去发现和分享他们独特的天赋，让这个世界变得更加美好。

所有这些胜利，使我心中充满了感恩之情。

然而，自从2012年《早起的奇迹》出版以来，一些事情始终困扰着我。尽管每天坚持个人发展有助于你培养内在的品质与性格，从而得到生活中想要的一切，但它实际上无法使你创造成就。可以说，这只是奇迹公式的一半。

你可以每天冥想、阅读个人发展类图书、通过写日记来理清思路，成为你所能成为的最有见识、最自信、最有准备的人——然后，你却什么都做不了。这有什么用呢？也许这个场景听起来很熟悉。你的书架上堆满了各种没有时间去读的书，或者你经常参加那些探讨"如何改变人生"的讲座和会议。尽管如此，你还是会觉得少了些什么。最终的结果就是不尽如人意。你的银行账户里的数额不是你想要的。你所建立的人际关系，以及你希望它能给你带来的满足感都不如你的预期。也许你正在努力创业，找一份适合你的工作，或者只是在你的日常生活中找到快乐。或许，以上所有的事情都已经发生了，但你仍然有着强大的动力去追求个人或职业上的进一步成功，即使这种成功难以捉摸。如果你发现自己是这种情况（相信我，我自己也曾有过这种负罪感），那么你也许（很可能是不知不觉地）已经成为无数"个人发展迷"中的一员。

我曾经历奇迹般身体康复，所以知道人是多么迷恋那些惊叹不已的时刻，也知道那就是我们追求的。但是，真正的改变从未出现，持久的转变也没有发生。我们只能坚持不懈地追求同样的东西。

我曾经一本接一本地读书，以为吸收了那些书中的一点新的智慧，我就能变成更优秀的自己，好像把这些知识安全地藏在我的脑子里就够了。我们通常以为实现了日常的个人发展，本身就已经足够，但实际上远远不够。如果你厌倦了设立目标，认为那只是为了打击自己，因为你没有实现它们，那么你应该知道和你抱同样想法的人还有很多，而你也将从本书中了解更多。

实现人生奇迹，只需一个公式

你必须遵循你每天的个人发展实践计划，通过一个行之有效的过程来设定和实现那些将会持续提高生活质量的有意义的目标。我仍然记得那一天，我停下来，回顾自己的人生，意识到我原本可以做得更多。我再也不愿意将就了。我几乎毫无波澜地度过了年轻时候的日子。我只付出了必需的最少的努力，就获得了最大的回报。对于这一点，我再也无法忍受了。所以我开始积极地朝着最大的目标前进，而不是期望（更像是不切实际的希望）在脑海中清晰地想象它，它就会实现。

随着时间的推移，我创建了一个将所有的个人发展知识转化为行动的过程。我意识到一旦你采取了那些通常十分简单、非常普通的行动，非凡的结果就会呈现在你眼前。

如果你是个人发展这一领域的常客，你已经听说过"一切皆有可能"。我确实相信这一点。然而，这个"可能"不足以使你每天早晨都怀着强大的内在动力从床上蹦起来，去追求心中最宏伟的目标。我希望仅凭"可能"就会成功，但现实并不这样。制订一个只能在实现目标的道路上前行一半的计划，是不够的。于是，我又写了本书，也就是你手里捧着的这本书，想通过它来创造一些东西，帮助你的最宏伟目标从"也许会实现"发展到"可能实现"，最后变为"必然实现"。

和本书同名的"奇迹公式"，就是上面提到的这样一个过程。如你将了解的那样，奇迹公式看似简单，但只有一小部分人知道如何去实现它。它只包含两个决定：第一个决定是保持坚定不移的信念；第二个决定是付出非同常人的努力。创造具体的、可衡量的奇迹，关键就是在较长的一段时间内做到这两点。

当我们向世界上最高效的成就者、创新家、慈善家、运动员以及对世界做出了巨大贡献的其他任何人学习时，我们发现他们是通过确立和坚守坚定不移的信念，然后付出非同常人的努力，才取得如此卓越的成就的。只要你在足够长的时间内连续不断地保持坚定不移的信念并付出非同常人的努力，你就不可能失败。当然，你有可能跌倒，也可能遭受挫折，但你的成功最终会从"也许……"发展到"可能……"进而发展为"必然"。

当你能够必然实现你的目标时，你就成为我所说的奇迹专家（Miracle Maven）。奇迹专家解开了创造奇迹的奥秘，并且靠奇迹公式生活。坚定不移的信念是他们事实上的心态，非同常人的努力是他们实现所有目标的方式。奇迹专家谨守这两个决定，在世界上创造卓越的成果，不仅为他们自己，而且为每一个人。因为奇迹已经成为他们的生活方式，所以他们一次又一次地创造卓越成果，几乎到了不论做什么都这样的地步。展现奇迹专家的品质与性格特征是你的最终目标，也是你在阅读本书和采用本书方法时的落脚点。

我知道一些关于个人发展的书可以进行碎片化阅读。你可以不按顺序，随意地跳过书中的某些内容。我认识一些人这样读书：闭上眼睛，随便翻开其中一页，然后就从那页开始读。上面说的这些书，让你们这些读者在拿起它们的时候，能够确认什么内容对自己来说是重要的。这样很好，但这本书不是如此。

本书的前言及第 1 章和第 2 章为创造具体的、可衡量的奇迹奠定了基础。我们将探讨奇迹是什么以及不是什么，然后概括奇迹公式的内容，并且叙述坚定不移的信念和非同常人的努力如何相互补充，使你在长时间运用奇迹公式后，能够越来越得心应手。随后，我们将关注我自己的第一个奇迹故事，观察我是如何在自己 22 岁生日前夕将这个公式创建起来的，又是如何开始把它教给别人。每次我都会把它教给一个人，然后带着一点敬畏之心看着它在他身上发挥作用，就像它在我身上发挥作用一样。

本书的其余部分将带你熟悉你需要了解的各种概念和步骤，以便你自己创造奇迹。我们将讨论：

◎ 如何克服你的局限（我们每个人都深受其苦）和你与生俱来的无限潜力间的冲突；

◎ 如何培养情感上的无敌感，这样无论生活给你带来什么，你都能控制住自己的情感（当你认为自己的努力没有产生足够好的结果时，这种策略真的很有帮助）；

◎ 设定目标的真正目的；

◎ 如何选择你希望第一个创造的以及随后要创造的奇迹；

◎ 如何一而再，再而三地连续创造奇迹；

◎ 如何将所有这些信息运用到你自己的 30 天奇迹公式挑战中，让你踏上创造你的第一个具体的、可衡量的奇迹的道路。

第一次读这本书时，我希望你能从头到尾地读，因为各章节之间是相互联系的，后一章建立在前一章的基础之上。在继续学习下一章之前，你要理解上一章的内容。通读了一遍之后，你可以在任何时候随意挑选你想重温的章节。如果你发现自己被困在创造奇迹的过程中，我特别鼓励你再读一遍相应的章节。

相信自己，没有你达不到的目标

既然你已经开始读《奇迹公式》，你就踏上了改变人生的精彩之旅。以下是关于阅读本书的 3 个小贴士。

1.《早起的奇迹》可以与《奇迹公式》互补

你如果没有读过《早起的奇迹》，不必恐慌。单是读手头这本《奇迹公式》，你也将掌握一些充分发挥自身潜力并创造更有成就感的人生所必需的工具。你将学会如何一而再，再而三地造就非同凡响的、显著的结果（奇迹），最终活得相对轻松。也就是说，《早起的奇迹》一书确实能帮助你在开始新一天的学习与工作之前获得清晰的视角、平和的心态和高度集中的注意力。它也许并非以结果为导向，却是一种经过验证的日常个人发展实践，有助于你成为你想要成为的人，实现你的目标。

2. 有几个概念在全书中反复出现

奇迹公式解释起来比较简单，执行起来稍显复杂，所以我不是只介绍一次，然后就弃之不顾。相反，我有意地回顾了整本书中的关键概念，并且经常以不同方式帮助你内化和记住哪些概念才是最重要的。记住你看过几次的信息，比记住只看过一次的信息容易得多。

3. 我写这本书的目的是逐渐提升人类的自觉性

正如我在前言开篇提到的那样，我写《早起的奇迹》一书，旨在改变100万人的人生，每次改变从一个早晨开始。我意识到当100万人的生活变得更好的时候，这个曾经看起来不切实际的目标，不仅是可以实现的，而且还不够宏大。

我写这本书的目的是逐渐提升我们对人的认识。现在，也许你觉得这听起来很崇高，你甚至翻了下白眼。但在读完之后你会发现，没有哪个目标是过于宏大，且宏大到不可能实现的。随着我们开始充分发挥我们的无限潜力，我们自身的意识得到了提高，这将影响并提升我们身边人的意识。同时，随着我们着手创造具体的、显著的奇迹，这些奇迹也将感染身边的每一个人。

在阅读本书时，我请你首先设定你的目标，理解你的潜力是无限的，你注定要拥有和创造你决定的一切。你在他人身上看到了与自己的什么差距？你相信（或者将信将疑）自己能做出什么贡献？对你来说，什么是终极的奇迹？我保证没有什么目标是你达不到的。

现在，让我们开始吧。我的第一课是揭开奇迹的奥秘。

THE
MIRACLE
EQUATION

奇迹并非遥不可及

让你的最大目标
从"可能实现"到"必然成真"

奇迹并不违反自然，它们只违反我们所知道的自然。

圣奥古斯丁（Saint Augustine），思想家、哲学家，著有《忏悔录》

奇迹，它们有点神秘，对吧？我的意思是我们并不知道，某些看似不可感知的事件是如何完美地串连起来拯救某人生命，或将最疯狂的梦想直接送到某人家门口的。但这难道不是奇迹的一部分魅力所在吗？然而，奇迹的这种神秘性也给我们感知它们带来了一些问题。

我曾在《今日美国》（*USA Today*）杂志上看到一篇文章，标题是《跳伞奇迹：坠落两英里^①》（*Skydiving Miracle: Man Falls Two Miles*），讲述了跳伞教练迈克尔·霍姆斯（Michael Holmes）的故事。

霍姆斯曾从 4 000 多米的高空跳下，但降落伞出了问题。在飞速坠向地面的过程中，霍姆斯试着打开降落伞却没能成功。他又尝试着将其割断，也没有成功。为了活命，霍姆斯做了最后的努力，取出备用降落伞，但还是打不开。他就这样在空中自由落体，一直到距离地面 700 英尺的空中，他放弃了各种尝试，听天由命，最后

———————————

① 1 英里 ＝ 1 609.344 米。

2

摔落在地上。令人惊讶的是，霍姆斯居然活了下来。相比于我们想象的从数千米高空中摔下来的后果，他只算得上受了些轻伤。

你听说过唐尼·雷吉斯特（Donnie Register）的故事吗？曾几何时，新闻里到处都是"雷吉斯特的奇迹"，网站 Oprah.com 甚至将其描述为"现实生活中的奇迹"。原来，有一天，雷吉斯特站在自家古董店的收银机后面，一名劫匪对准他的头部开枪。他本能地举起双手挡住自己的脸，结果子弹不偏不倚击中他的结婚戒指，弹了出去，偏离了方向，他神奇地躲过了本该当场身亡的一劫。

多年来，我听过人们奇迹般恢复健康的故事，那些故事中的主角，除了心怀巨大的希望，似乎也没有付出过更大的努力，甚至还有一些恋人在分手数十年后居然神奇地相遇了。所有这些故事既耐人寻味，又让人敬畏。

平心而论，只有类似这样的故事才能称为奇迹。但对很多人来说（你也许是其中之一），正是这样的奇迹，使得其他所有奇迹都蒙上了坏名声。不相信奇迹的人们认为，那些超乎寻常的事件只会发生在别人身上。他们认为所有奇迹都是难以捉摸的。它们神秘、随机，并且遥不可及。它们完全不符合现实，而且不可预测。它们在现实生活中不会发生——至少不会发生在他们身上。对此，我过去深有同感。

我的意思是假如我们能够简单地"想出"一张七位数的支票在信箱里等着我们，岂不是人人都成了百万富翁？奇迹般恢复健康的故事将成为常态，难缠的客户或者同事（你知道的，那些人总是让你血压飙升）——嗯，也许就此从你身边消失了。如果你属于这一阵营，你可能认为自己必须亲眼看到才能相信它。适度的怀疑也许是件好事。若是你在怀疑，就是在做我们都应该做的事情：批判性地思考，对所有事情进行评估和质疑，孜孜不倦寻求真理。我以同样的方式对待这些事情，因此对你的期望也不会降低。

> 你可以在一生之中一而再，再而三地创造奇迹，因为你将懂得它们到底是如何变成现实的。
>
> ◀ ◀ ◀ THE MIRACLE EQUATION

然而，我们都需要知晓的是，怀疑论也有潜在的毁灭性的负面影响，我们都需要警惕：它容易转变为愤世嫉俗。它会让我们陷入一种扭曲的不信任状态，并限制了我们原本可以获得的各种可能性。正如你将在本书中了解到的，奇迹实际上有两种不同类别，将它们混为一谈是不公平的，或者说没有益处。

我上面描述的各种奇迹，你可能认为它们是"被动的"或"随机的"，它们的发生具有偶然性。我们惊叹它们是如此令人难以置信，但没有明确的方法来解释它们，更别说使它们再次发生了（我敢肯定，九死一生的跳伞教练和古董店老板一定不愿意再次体验那些经历）。人们可能将这种奇迹视为巧合。如果你想创造这种奇迹（通常是"祈祷和等待"），那么对不起，我无法给你太多建议。它们不是我们将在本书中探讨的那一种奇迹。

本书描述的是那种具体的、可衡量的奇迹，这种奇迹需要你在创造的时候主动参与。它们在实现你最宏大、惊人、难以置信的目标。它们在很大程度上是你能够掌控的，你可以在一生之中一而再，再而三地创造它们，因为你将懂得它们到底是如何变成现实的。但是，为了创造这种奇迹，你首先必须相信，你正在寻求的结果是可以成真的，你可以创造它。如果你是上述怀疑论者中的一员，我劝你暂时放下你的怀疑，这样的话，你就能探索还有什么是可能在你身上发生的。至少，在你读这本书的时候请放下你的怀疑。

现在，请别误会我的意思。我并不是在试图说服你相信某件不合理的事情，而是在试图开拓你的思维，使你接受新事物的可能性，即认定自己能够随心所欲地创造这第二种奇迹。在本章，为了便于我们交流，我将首先定义什么是具体的、可衡量的奇迹，然后深入研究这种奇迹究竟是如何发生的，以便你也同样可以创造不同寻常的成就。接下来，你是不是相信这种奇迹，就取决于你自己了。

人人都能成为"奇迹专家"

说到奇迹，我们可以考虑一些有益的问题，比如奇迹是不是只属于那些特殊的或者"被命运眷顾的"个人的体验？它是不是只会随机产生？难道我们每个人生来就具有无限的潜力，远远超出我们对自己的认知吗？有些人因为他们知道如何挖掘每个人与生俱来的潜力而大获成功，又会怎样？

类似这样的领悟，将改变你在设定目标大小时的看法，以及你的人生理想。若是普通的事情都变得不同寻常，那么"普通"的门槛就被抬高了。想象一下，假如你和你认识的每个人都开始发挥你们的全部潜力，假如我们所有人都将发现如何打破我们自我强加的局限，开始为自己的生活创造想要的一切，同时也对世界产生深刻的影响，假如我们全都变成了"奇迹专家"（Miracle Mavens），会怎么样？

英语单词"maven"（专家）来自意第绪语单词"meyvn"和丹麦语单词"mebhin"，意思是"懂行的人"。

尽管"Miracle"（奇迹）这个词有好几个定义，但在我们前进的过程中，最有用的一个定义来自《牛津英语活词典》(The English Oxford live Dictionary)，它是指"一件引人注目的事件或事件进展带来了非常让人欢欣鼓舞的结果"。奇迹专家将这两种定义合二为一。

如果你仔细思考一下，我确信你能想到少数几个这样的人：他们几乎发挥了自身的全部潜力，似乎掌握了将自己的理想变成现实的本领。不论你是认识他们，还是只能远远地钦佩他们，他们从来都不会让任何人（包括他们自己）说服他们放弃自己的伟大理想。他们拥有无限的创造力和毅力，似乎总有很多机会在等着他们。你可能想知道为什么他们总是那么幸运。但是，如果运气在他们全部的成功中只起到了很小的作用呢？

纵观历史，许多人积极地创造了具体的、可衡量的奇迹。美国前总统约翰·F.肯尼迪（John F. Kennedy）曾设想将人类送上月球。人权运动领袖马丁·路德·金（Martin Luther King, Jr.）曾设想建设一个让所有人都自由平等的美国。他们都是有意地、积极地创造奇迹的人。当别人在祈祷和等待奇迹的时候，肯尼迪和马丁·路德·金主动追求奇迹的发生。他们成功地把看似不可能的想法变成了具体的现实。他们尽可能追求自己的理想，并以此创造了不同凡响的新的现实。他们通过充分利用自身的能力，成为奇迹专家。

> 人类的故事，实际上就是无数人低估自己的故事。
>
> ◀ ◀ ◀ THE MIRACLE EQUATION

因为奇迹专家就是这样的，这只是人们的一种存在方式。当你怀着坚定不移的信念去生活并付出非同常人的努力时，你就是奇迹专家。各行各业都涌现了一些令人瞩目的奇迹专家，他们取得的成就以及他们开辟的道路，只要你能想到，都不足为奇。我们之所以听说过许许多多这样的人，仅仅是因为他们的成就对我们的世界产生了极其重大的影响。著名的奇迹专家包括：

◎ 亨利·福特（Henry Ford），他创造的生产方式使汽车成为一种大众产品；

◎ 玛丽·居里（Marie Curie），她提出了放射性理论，是第一位获得诺贝尔奖的女性，也是第一位两度获得该殊荣的人；

◎ 比尔·盖茨（Bill Gates），他将个人电脑安装到全世界数百万家庭和办公室；

◎ 艾米莉亚·埃尔哈特（Amelia Earhart），第一位独自飞越大西洋的女性；

◎ 尼尔·阿姆斯特朗（Neil Armstrong），月球上行走的第一人；

◎ 勒布朗·詹姆斯（LeBron James），他带领克利夫兰骑士队赢得了 60 多年来第一个重要的职业运动项目总冠军，给克利夫兰这座城市带来了一个奇迹；

◎ 迈克尔·菲尔普斯（Michael Phelps），他 15 岁时成为奥运选手，后来赢得了 23 枚金牌；

◎ 史蒂夫·乔布斯（Steve Jobs），他把成千上万首歌曲装进我们的口袋，并且让智能手机成为常态；

◎ 埃隆·马斯克（Elon Musk），他不断创造技术奇迹，推动人类进步。

另一些平凡的人们从一开始就超越了极限，创造了人们认为不可能的奇迹。他们还必须克服那些同样束缚我们所有人的恐惧感和不安全感。我们每个人生来就具有无限潜力，但这些人已经知道如何深挖这种潜力。当你也发现了怎样像他们一样挖掘自身潜力时，一切都改变了。

虽然我们每个人生来所处的环境因人而异，但我们与生俱来的人类无限潜力却是共同的。事实上，有些人出生在充满挑战的环境中，却找到了将自己的人生变得与众不同的方法。这样的故事不胜枚举，你可能对其中一些十分熟悉。

作家 J.K. 罗琳（J. K. Rowling）在写第一部《哈利·波特》（*Harry Potter*）时刚刚破产，几乎一贫如洗。然而，这部小说最终变成了系列产品，包括几部轰动一时的电影、一些主题公园的游乐设施、玩具、服装、电子游戏等，这让她跻身亿万富翁俱乐部。

杰斯（Jay-Z）在成为世界著名说唱歌手和商业大亨之前，生活在布鲁克林的一个穷人区。如今，他的商业帝国包括房地产、运动酒吧、服装、饮料，甚至美容产品。

奥普拉·温弗瑞（Oprah Winfrey）的童年充满了贫穷与虐待，后来却成为世界上最成功、最富有的女性之一。如今，她承诺将自己的成功传递下去，帮助后代摆脱贫困，并为支持贫困女孩的慈善事业捐赠了 1.5 亿多美元。

在参与《洛基》（Rocky）的剧本创作并在电影中崭露头角之前，演员西尔维斯特·史泰龙（Sylvester Stallone）一直扮演着小角色，生活拮据，甚至曾有一段时间内无家可归。现在，《洛基》系列电影已经成为有史以来最成功的电影之一。

现实生活中的奇迹专家列表可以有多长？长到可以写一本书来逐一介绍。我希望你能意识到，就像你的过去不会决定你的未来一样，你所处的外部环境也不会限制你。你首先需要想象你的理想中的未来，清楚地看到它，然后确立信念，相信它是能够实现的。（在接下来的几章中，我们将花大量时间探讨如何做到这一点。）接下来，你必须开始朝着理想中的未来前进。上面列举的那些人就是这么做的。他们确定自己想要的是可以实现的，并且弄清楚了自己需要做些什么来使之成为可能，然后继续付出他们拥有的一切，直到成功变成必然。你完全可以做到同样的事情。

记住，你设定的目标不一定非得是改变世界。它可大可小，可简单可复杂，你愿意它是什么样的，它就可以是什么样的。关键是它必须对你有意义。这种意义将成为你的驱动力。

在《早起的奇迹》一书中，我描述了一个叫作"10 级成功"的概念，它是我们所有人都向往的理想生活。如果你要用 1 ~ 10 级来衡量人生中任何领域的成功，你可能希望自己在每个领域都能达到 10 级。10 级的健康、10 级的幸福、10 级的财富，凡是你能说出的，由你决定。

不过，由于人的潜力是无限的，目标不一定非要达到 10 级不可。每天早上醒来，花点时间，努力变成你前一天晚上睡觉时设想的更好的自己。当你每天都专注于挖掘自己的无限潜力，在人生的各个领域都迈向 10 级成功时，机会将变得无处不在，你也会找到成就感的真正源泉。

当我们朝着"10 级成功"奋力拼搏时，我们面临的挑战是找到快乐和感恩之间的平衡，看到我们现在所处的完美状态，同时遵循人类与生俱来的对成长的渴望。关键不是我不够好，而是我是潜力无限的，我可以付出更多。这是一个微妙而根本的区别，这就是奇迹专家赖以生存的不同之处。

奇迹专家之所以与众不同，是因为他们追求的目标比他们对 10 级成功的定义更高。他们对自己保持坚定不移的信念，并期待着自己想要的生活成为现实。但他们不会在追求目标的过程中扮演被动的角色。他们不会盯着一块愿景板或者盲目地重复自我肯定的话，然后想不通为何什么都没有发生。当你活得像个奇迹专家时，你的思维和行为方式将与大多数人不同。

当大多数人习惯性地让恐惧和自我怀疑吞噬他们的思想时，奇迹专家却选择用信念战胜恐惧。他们有一种根本的心态，认为可以做好自己打算做的每一件事，赢得成功；假如未能成功，他们乐于接受现实，然后迅速地继续前进。这样一来，他们就可以充分利用更多的机会。即使这意味着他们有时候会失败，他们还是拥有更多机会。

无人能挡的人从不自我设限。无论你从事何种职业，我只要你欲望无限，去得到你渴望的一切。

◀ ◀ ◀ THE MIRACLE EQUATION ─

西蒙·斯涅克（Simon Sinek）表达了类似的观点，他说："冠军不是总是赢得比赛的人；冠军是那些走出去并做出尝试的人。下次再努力一点……'冠军'是一种心态。他们是热忱的。他们为了超越自己而竞争，这种竞争与为了超越他人而进行的竞争一样激烈。"

奇迹专家还以不同的方式采取行动。他们明白必须付出努力才能获得成果。他们不去寻求容易的方法，而是乐于做必要的事情来得到自己想要的东西。不过他们也很看重效率，所以总是在学习和思考让自己更快达成目标的诀窍，甚至捷径。

我从观察和自己的经验中知道这一点。在接下来的几页中，你将读到我是如何在一次车祸中被宣告死亡后，运用奇迹公式再次行走，在财务状况几近崩溃的情况下扭转局面，并且在一次令人沮丧的癌症治疗中幸存下来。我所做的不过是做出并坚守了两个决定，它们是这本书得以诞生的基础。

看似简单却"违背天性"的两个决定

对于"是什么让我们远离自己想要的生活"，各种成功励志书给了无数答案，包括我们的习惯、信仰、影响范围、自信程度、精力水平、吸引力定律、时间管理、情商、教育（或者缺乏教育）。这太多了，多到有点让人受不了。

不过我相信，我们可以将数百个答案简化成两个简单的决定，你是否成功，你在接下来的人生中能不能成为奇迹专家，都取决于这两个决定。

我们清醒地知道自己一次又一次地没能下定决心做出这两个决定，这阻碍了我们完成自己想做的事情。这两个决定是保持坚定不移的信念和付出非同常人的努力。阻碍人们创造真正想要的生活的，要么是他们缺乏"我能行"的信念，要么是他们没有付出必要的努力。许多人属于这两种情况中的一种。我发现这听起来很简单——甚至可能太简单了。让我们来探索一下。

决定一：坚定不移的信念

虽然你可以用其他词称呼"信念"（比如把它称为"信仰""信心"或"确信"），但简单地讲，那些创造了非凡人生的人们，是通过树立"我能行"的信念做到这一点的，他们会不断巩固和坚守这种信念，直到创造出他们渴望的东西。因此，他们的信念是坚定不移的。

这违背了人的天性，我们天生认为，信念往往受到我们自身过去的和现在的结果与环境的影响。建立"你能克服之前从未克服的困难或者取得之前从未取得的成就"这样的信念，需要你走出舒适区。这要求你把自己看得比以往任何时候都好，并且设想一种可能性；但是，你可能没有证据证明这种可能性能够变成现实。建立这样的信念，既不正常，也不自然，当然也不是自动的。树立坚定不移的信念，相信自己具有无限的潜力，需要做出一个有意识的、深思熟虑的决定。

保持这种信念也是违背本能的。几乎全部有价值的成就，都是在克服无数障碍与挫折之后才取得的。对许多人来讲，障碍与挫折动摇了他们的信念，使他们不再追求他们想要的东西。这就引出了你创造奇迹需要做出的第二个决定。

决定二：非同常人的努力

虽然你也可以找到各种同义词来代替"努力"（比如"工作""生产力""戮力"或"行动"），但到最后，那些达到了有意义的目标并且过上了 10 级生活的人们，都要通过付出必要的（而且通常是非凡的）努力来实现目标。你将在后面的章节学到，非同常人的努力并不一定是艰苦卓绝的，但确实需要你投入全部的精力。这种努力之所以非同寻常，是因为它将持续很长一段时间。没有它，你无法点燃你的信念。

不幸的是，这种努力也是违背本能的。我们经常为了短暂的快乐牺牲长期的成功与满足。这种做法会使我们付出最少的努力来保障安全，并且待在舒适区之中，从而妨碍了我们做正确的事，这是因为做容易的事往往轻松得多。

人类的天性将我们社会中的大部分人限制在上述这样的环境中，比如，挣到足够的钱使一家人居有定所，但这些钱又不足以使我们获得成功。有时候我们选择食物，纯粹是为了追求味道和口感，追求它们带给我们短暂的快乐，却剥夺了使我们一生充满活力的健康与精力。我们坚守着在我们看来没有成就感的工作：公司为我们提供一份薪水，我们认为这份薪水是有保障的，所以不再去追求那些能给我们带来梦寐以求的财务自由甚至是财富的目标。

我知道，让你做出这两个决定，与你的本能背道而驰。如果你很想知道如何才能克服自己与生俱来的天性，请继续忍耐。我们将讨论怎样战胜这些本能，以便我们日后把这两个决定变得得心应手。

建立持续运转的正反馈循环，公式成立！

这些场景我们都经历过：我们对自己设定的新目标兴奋不已，脑海中有一个清晰的愿景，那就是完成了这个目标之后的情形和感受。我们清楚地知道自己必须做些什么才能达到目标，而且相信这是可能的。我们迈出了第一步，感到很顺利。

然后，突然之间砰的一声，我们遇到了意想不到的障碍。

我们希望的结果并不会那么快出现。也许你投出去的简历犹如泥牛入海，杳无音讯。也许你的老板在你正打算利用空闲时间锻炼身体或者开始撰写博客的时候给你安排了一个新项目。也许你已经推出了自己的新产品，但销售额并未如你期望的速度增长。在这些时刻，你感到难以坚持运用奇迹公式，这对你来说是一种挑战。你面前的障碍越大，你就会越发感到气馁，此时的你越容易放弃运用奇迹公式，回归自己的舒适区。

当你没有看到期望的结果时（也就是你想要的结果），信念将会很自然地产生动摇。你一旦失去了信念，就不会再去付出实现目标必需的努力了。我相信你已经问过自己一两次这个问题，"当我觉得自己不可能达到目标时，再去尝试又有什么意义呢？"

坚定不移的信念和非同常人的努力各有侧重，相互支持。与其将它们视为两条截然不同的行动线，不如将它们视为能组成一个圆圈或轮子的两个半圆，它们一同形成一个循环。当你树立坚定不移的信念，相信自己可以实现目标时，你创造了推动自己行动的内在动力，这种内在动力促使你付出非同常人的努力。

这种努力会让人产生一种"这个结果理所当然"的感觉，转而激发更强的信念。当你把两者都代入时，奇迹公式就成立了。但是，一旦你偏离轨道，这个实现目标的过程就会戛然而止。这两者互相影响，形成一个正反馈。当你怀着坚定不移的信念来对待你的生活、目标、梦想，甚至人际关系，并且付出了非同常人的努力时，你将使这个正反馈循环持续运转下去。采用这种方式，你将一次又一次地创造奇迹。采用这种方式，你将成为一名奇迹专家。

创造人生奇迹

成为奇迹专家的滋味：
辞去高薪工作，收入不减反增

2006 年，罗伯·戴尔（Rob Dial）成为我指导的首批客户中的一位，从那以后，他成了我的朋友和同事。他以一种非凡的方式运用奇迹公式，不仅获得了财务自由，而且在世界上产生了重大影响。

我的老朋友和商业伙伴乔恩·伯格霍夫（Jon Berghoff）每年都会与我举办"最佳年度蓝图"的人生体验活动，这项活动使人们经历一个革命性的过程，让他们下定决心，确保自己在接下来的一年里变成有生以来最好的自己。正是在一次这样的活动期间，罗伯·戴尔意识到，他的人生目标是教会人们如何从自身的痛苦中解脱出来，这些痛苦之所以产生，是因为人们阻碍了自己发挥出真正的潜力。

意识到这一点后不久，他开始制作自己的第一份播客，结果，在八周时间里，这份播客的下载次数超过了 10 万次。罗伯·戴尔很兴奋，但他还是继续从事自己喜欢的年薪高达六位数的工作。后来，他知道自己不可能兼顾两件事，所以，带着对自身和自己的使命的坚定信念，他辞掉了那份高薪工作，全身心投入到追求人生的目标中去。

他付出了非同常人的努力，绞尽脑汁思考如何创造人们喜欢和乐意分享的内容，在短短 14 个月内，他的社交媒体粉丝数量就超过了 100 万人。仅在 2017 年，就有超过 5 亿人次观看了他的脸书页面上制作的视频和内容。他仅用了 14 个月时间就挣到了与他辞去的那份工作相当的六位数年薪的收入。第二年，他的收入比上年增加 300%。罗伯·戴尔亲身体会了运用奇迹公式并成为奇迹专家的滋味。

请你相信生命的魔力和奇迹

我知道，我知道，我们才刚刚揭开了奇迹的神秘面纱，但现在我们要稍稍盖回去一点。这是因为当你用坚定不移的信念积极地战胜了你的恐惧和自我怀疑，并且摆脱了那些妨碍你付出非凡努力的低效习惯或者懒惰倾向时，你将立即开始充分运用自身的能力，开始发现周围的机会。这样一来，你会把"做好自己打算做的事情"变成第二天性。从表面看，奇迹的发生通常看起来像运气。

人们往往怀着敬畏之心来观察奇迹专家，有时甚至有些嫉妒地想着"天呐，世间的一切似乎都在围绕着这些奇迹专家转动。他们太幸运了"！有着强烈宗教信仰或精神信念的人们可能把成功归因于信仰或者其他的力量。怀疑论者则认为这是巧合。

随便你怎么说，相信你喜欢的说法，不要质疑。欢迎它。看清其中的事实和简单性。记住，当你着手去实现伟大的梦想或者创造非凡的成果（也就是奇迹）时，你不可能知道实现它们的旅程是什么样的。你只需要知道它会包括各种各样意想不到的道路、挑战、人际关系和经验教训，这些将引导你找到新的机会，而这些机会反过来又会带给你一些经验教训，引导你找到更多的新机会。

你无法预测运气什么时候会降临到你身上，但你大可放心，你越是按照奇迹公式来生活，就越幸运。你越是愿意为创造奇迹付出非同常人的努力，并长时间保持坚定不移的信念，你的生活中越会出现越来越多不可预测的、十分宝贵的资源。那时，人们会看着你，心想"天呐，世间的一切似乎都在围绕着他转动。他太幸运了"！

　　我是根据经验告诉你这些的，既包括我自己的经验，也包括你将在本书中看到的其他人的经验；当你按照奇迹公式来生活时，奇迹（也就是你认为不可能的结果）就会开始出现，而且总是以意想不到的方式出现。你永远无法预测或安排那些超出你当前意识领域的看不见的力量和资源，它们将帮助你，与你合力创造每一个奇迹。奇迹常常以意想不到的机会或我们所说的"贵人"的形式出现，抑或仅仅在正确的时间出现在正确的地方。

　　我听到你内心的怀疑声响了起来。"得了吧，哈尔，看不见的力量和资源超出了我们当前的意识领域？"这就是你内心的声音，我听到了。我说的这些，听起来确实有点奇怪，即便如此，这也是你必须迈出的一大步。每一位奇迹专家在他的人生中都经历了同样的飞跃，这就是我们总是听到成功人士把"运气"作为他们成功的因素之一的原因。有时候，你必须相信你看不见的东西。请你相信生命的魔力与奇迹，当然，只对那些真正经历过奇迹的人们而言。

　　我之前说过，奇迹公式很容易解释，但很少有人懂得如何实践它。坚定不移的信念和非同常人的努力这两个决定不难理解，一旦将它们结合起来并且持续下去，就会产生惊人的结果。然而，实践这两个决定绝非易事，因为两者都要求我们有意识地违背我们的天性，无论是与生俱来的还是后天习得的。正因为如此，我们社会中只有较少一部分人才知道如何运用这个公式来创造非凡的成果，而能够多次重复使用这个公式的人就更少了。

　　我邀请你们加入的正是这一小群创造奇迹的专家的队伍，在他们的队伍中，坚定不移的信念已经成为一种默认的思维方式，非同常人的努力也已变得普通和自然。你现在知道了创造具体的、可衡量的奇迹的必备要素。至于你是否想更进一步了解如何应用它们，这取决于你自己。

在下一章，我将带你看看我自己如何偶然发现奇迹公式，继而创造人生中的第一个具体的、可衡量的奇迹，并且开始教别人也这么做。让我们来看看这一切是如何开始的。

第 2 章

THE
MIRACLE
EQUATION

普遍有效，
却无人提及的神奇公式

今天开始，创造人生中
第一个具体的、可衡量的奇迹

> 首先，想清楚自己真正想要什么；随后，调整自己的心态，相信只要自己每天专注地付出，就一定会有回报；最后，坚持不懈地朝目标前进，直至变成现实。
>
> 哈尔·埃尔罗德，"死"过两次的人生赢家，《早起的奇迹》

我知道你现在刚刚读到第 2 章，但我必须承认：我并没有发明任何神奇的公式。这本书可以写于几个世纪前，那时我根本不存在，当然它不会是我写的。但是，它可能是由其他任何一位奇迹专家撰写的。为了清楚表述，我只是简单地确定了这个公式，并将其命名为"奇迹公式"。事实上，有史以来世界上最知名的创造者和成功者在各自的行业中都运用过这个公式，只是他们没给它命名。

我最喜欢的篮球运动员迈克尔·乔丹（Michael Jordan）在我孩提时代就为芝加哥公牛队效力。看这支球队比赛，我从没听过教练菲尔·杰克逊（Phil Jackson）在第四节比赛时对他的球员说："斯科蒂·皮彭（Scottie Pippen），你要把球传给乔丹。乔丹，你要假装向左运球，然后通过罚球区冲到篮下，运用奇迹公式，赢得比赛！"同样，没有人听过马丁·路德·金鼓吹用奇迹公式来推进民权运动，也没有人听过埃隆·马斯克如何使用这一公式来实现他在火星上建造一座自给自足的人类城市的宏伟愿望。

然而，不管他们是否意识到，奇迹公式是他们每个人用来取得非凡成就的公式。正是一直按照奇迹公式来生活，你才能充分利用你的能力，在 10 级人生之中的方方面面大展身手。不这么做，不可能创造奇迹。

奇迹公式诞生于我想在工作中实现的一个愿望：打破销售纪录。我认为这也许不可能，但我真的很想做到。我基本上违背了自己想走捷径的天性，选择了一条更艰难的道路。在这个过程中，我学到了人生最宝贵的一课。

让我来为奇迹公式是如何产生的做个铺垫。

大学毕业后，我接受了卡特扣公司（Cutco）的工作，当上了销售代表，我的工作是通过走家串户、演示产品来销售高档厨具。刚开始时，我没有任何销售经验。我甚至习惯了将销售业绩保持在平均水平与令人尴尬的平庸之间，并打算就此度过一生。我曾是约塞米蒂高中的学生，成绩是 C，从未参加有组织的体育活动，也没有加入任何俱乐部，在学校里常被人欺负，而且只在那里取得过一项纪录，那就是在一个学年里被罚留校时间最长。如果你好奇的话，总时间是 178 小时——这不是一个让父母感到骄傲的成就。

在卡特扣公司一些优秀的领导与导师的支持和教导下，我开始展现前所未有的自信和能力。我督促自己更努力地工作，试图达到更高的目标。总的来讲，这个目标是成长为一个比我想象中更有能力的人，然后迅速成为公司最优秀的销售代表之一。

我提升自己的方法之一是在业务推进期间打破销售纪录。在卡特扣公司，所谓的业务推进期，是指开展为期 14 天的销售竞赛。在此期间，公司通过奖杯和奖品激励数千名销售代表和经理，在销售队伍中进行良性的竞争，目的是使销售人员所在的团队以及分公司创下销售额的新纪录。正是在这样的一个业务推进期，我灵光一现，奇迹公式就此诞生。

如何在 10 天内完成"不可能"的销售任务？

2001 年 2 月，21 岁的我在业务推进期完成了 2 万美元的销售额，在卡特扣公司 52 年的历史中，只有几名销售代表实现了这一壮举。随着下一个业务推进期的临近，我摩拳擦掌，打算成为公司首位连续三次都在业务推进期达到 2 万美元销售额的销售代表。要知道，这一纪录具有里程碑的意义。

卡特扣公司的销售办公室位于加利福尼亚州弗里蒙特市（Fremont），我走进里面提交上一周的订单时，已经是晚上 10:00 了。

"好哥们，哈尔！"我的销售经理弗兰克·奥达巴迪（Frank Ordoubadi）在大堂热情地和我击掌。他说道："你做好了准备迎接这个业务推进期了吗？"

我睁大眼睛，深吸一口气，噘起嘴唇，夸张地吐出一口气。"我……我正在努力，弗兰克。我要尝试打破纪录，虽然不知道怎么去做，但我得想办法在未来 14 天内再卖出 2 万美元的产品。"

"哇！"弗兰克冲我咧嘴一笑，"你知道你会是第一个连续三次达到这个目标的人，不是吗？！"

我点了点头，说道："我知道。我非常紧张。"

弗兰克的脸色变得严肃起来。他说："现在，你意识到这次业务推进期只有 10 天，对吗？因为大会提前，我们没有整整 14 天的时间了。"

我盯着他看了一会，对他说："请告诉我你是在开玩笑。"

"对不起，哈尔，"他带着一种"很抱歉，我不得不告诉你"的神情说道，"我还以为你知道呢。"

"那么，等等，这是否意味着这段时间严格说来不能算作正常的业务推进期，比如纪录和排名？"那一刻，我极度希望通过短暂的冲刺期在后面的整整 14 天竞赛中创造纪录。

"不，不幸的是，这段时间和其他时间一样重要。"

我的心一沉。在过去的几周里，我一直在脑子里盘算着要在 14 天内卖出 2 万美元的产品，这本身就不容易。而要在 10 天时间里达到同样的目标，我感觉是毫无意义而且不可能的。

设置具体的、可衡量的目标太重要了

那天晚上，我在床上辗转反侧，思考着自己的选择。10 天之内销售 2 万美元产品，我以前从未做过。我心想，也许我应该把目标降到 1.5 万美元？1 万美元？还是应当干脆放弃？恐惧和自我怀疑在我的脑子里翻腾。怎样才能达到这个目标呢？

随着自我怀疑的声音越来越大，我的思路也开始清晰起来。我想起了我的一位导师丹·卡西塔（Dan Casetta）教给我的经验，这是他从作家和现代哲学家吉姆·罗恩（Jim Rohn）那里学来的。我仿佛听到了丹的声音："树立目标的意义，不是达到目标，而是使你成为那种可以实现任何目标的人。无论结果如何，你都要全力以赴。在这个过程中，你成为什么样的人，比实现任何目标都重要。"

嗯，我花了 1 分钟来思考丹说的话。显然，丹和我以前讨论过这个问题，但现在它似乎有了更深的意义。我想假如我不降低目标呢？尽管 10 天内卖出 2 万美元产品似乎是不可能的，但如果我不考虑结果，只坚持自己的目标，全力以赴去做呢？这有助于我成为实现目标的那种人吗？如果我下定决心达到 2 万美元销售额，不管结果如何，我都全身心地投入其中，到最后我获得的最大回报不是实现目标本身，而是我在实现目标的过程中变成了什么样的人，那样一来，我就真的谈不上失败了。对吧？没错！我决定在 10 天内争取实现 2 万美元销售额。

想到这里，我从床上坐起来，打开床头灯。我脑子里充满了各种想法。我必须想出实现这个困难目标的办法。所以，在这个午夜，我反向思考了我即将进入的业务推进期。我想象着已经过去了 10 天，于是问自己，假如我已经卖了 2 万美元产品，那么从现在（没有实现目标）到那时（已经实现了目标），我做了些什么？

由于 10 天的时间很短，我知道自己对失败的恐惧会日益加剧。我问自己，怎样才能战胜这种恐惧？最简单的答案是我必须相信我能达到目标，并且在达到目标之前要有这种信念。我需要一遍又一遍地告诉自己"我可以实现目标"，特别是当我某天的销售业绩十分糟糕或者销售过程不太顺利的时候。

于是，最初的信念变得坚定不移了。

我又想到，当我的业绩不好时，继续前进的动力自然就会减弱，因为我会开始怀疑自己是否有可能达到目标。克服这种惰性的方法就是全力以赴，直到最后一刻，不管结果如何。我必须自始至终保持高度的努力。

这一承诺变成了非同常人的努力。

就在那时，我做了两个决定，我知道我必须在整个业务推进期始终坚守这两个决定。

决定一：我将树立并保持坚定不移的信念，即无论发生什么情况，我都能在业务推进期间达到 2 万美元销售额的目标。没有其他选择。

决定二：我会每天都付出非同常人的努力，直到最后一刻，不管结果如何。

我从床头柜上拿起笔记本，写下这两个决定，以强化我的决心。然后，我将它们合并成一个句子，也就是一句我每天都很容易记住和诵读的口诀，这将提醒我记得我的两个决定。口诀是这样的：我致力于保持坚定不移的信念，我将卖出 2 万美元产品，并且在我实现目标之前付出非同常人的努力，无论如何……没有其他选择。

我还是很害怕。说实话（当你运用这个奇迹公式时，对自己说实话十分重要），我真的不相信自己能在接下来的 10 天里完成 2 万美元的销售额。当然，我相信这也许可以实现，但肯定可能性不大。

我们最宏大的目标通常不是有很大可能性实现的，正因为如此，它们才成为奇迹的一部分。尽管如此，我还是决定全力以赴。

这里的计算很简单。如果我想在 10 天内卖出 2 万美元产品，平均每天需要完成卖出 2 000 美元产品的任务。这意味着在前 7 天里，销售额需要超过 14 000 美元。我以前一天卖出过 2 000 美元的产品吗？的确卖出过，而且我还庆祝了。这是因为某天的销售额达到 2 000 美元是件十分罕见的事。我认为一天销售 2 000 美元产品算是幸运的，所以，要是连续 10 天都是这样的业绩，那就相当了不起了。

然而，开始进入业务推进期时，运气似乎远离了我。第一周的销售就像坐过山车，到周末时，我只完成了需要完成的目标的 50%，也就是说，销售额只有 7 000 美元。现在，只剩下 3 天时间了，而我正处在自己曾经担心会面临的处境之中。但我不会降低我的目标。我曾经下定决心：我会尽自己最大的努力，直到最后一刻。不管出现什么情况，我都不会放弃。只剩下 3 天了，我开始了当天的第一次销售预约。在开车的时候，我反复念叨着口诀："我要坚定信念，在业务推进期间争取达到 2 万美元的销售额，并且付出非同常人的努力，直到我做到这一点，不管发生什么……没有其他选择。"有意思的是，我说得越多，就越相信。

那一天下来，经历 6 次产品演示之后，我的销售额就超过了 3 000 美元！这意味着我现在的业务推进期的销售额已经超过 1 万美元。那天的业绩给了我自己急需的强大动力，我感到精力充沛。我把自己的黑色尼桑艾斯特拉车（Nissan Xterra）停在路边，拿出记录着潜在客户的笔记本，开始打电话。当时是晚上 7:00——打电话的黄金时间。我把对未来两天如何卖出 1 万美元产品的担忧先放在一边，集中精力打电话。

接下来的两天也差不多。我周二卖出了 3 238 美元，周三卖出了 4 194 美元，这意味着我在业务推进期完成了至少 17 432 美元的销售额。我当时很受鼓舞，但是，由于我们的团队计划第二天早上 7:00 拼车去旧金山开会，我没时间了。

或者，我还有时间吗？

我还不打算放弃我的目标，于是打电话给弗兰克，请求他同意我不参与拼车，这样我就能在会议开始前再安排几次销售预约。感受到我不达目的誓不罢休的决心，弗兰克同意了我的请求。

我立刻拿出笔记本，开始打电话，40 分钟后安排好了第二天早上的两次销售预约。尽管仅仅通过两次销售预约就卖掉剩下的 2 000 多美元产品可能性不大，而且在许多人看来也不太现实，但绝非不可能。另外我还有个帮手：我的好朋友及同事亚当·柯察科（Adam Curchack）将和我一同前往。那天晚上他曾给我打电话，告诉我他要进城来，并问我他是否可以在第二天跟我一起去赴约。

第二天早上，亚当来见我，我们一同开车去我约好的第一位客户家里。我神经紧张起来了！这真的会发生吗？汽车在高速公路上行驶时，我摇下车窗，没有理会坐在副驾驶位置的亚当，反复念叨着我的口诀："我将毫不动摇地坚守我的信念，在业务推进期间争取达到 2 万美元的销售额，并且付出非同常人的努力，直到我做到这一点，不管发生什么……没有其他选择。"我念得越多，就越相信。

亚当禁不住哈哈大笑。他觉得我这样反复念叨口诀的样子很有趣。

早上 7:58，我把车开到哈默林（Hammerling）太太家的车道上，然后把手伸到身后，从后座抓起我的藏青色公文包，里面装着十几把锋利的菜刀。下车后，我和亚当向她家的前门走去。

咚咚，咚咚。

我敲了两下门。我手心冒汗，心跳加速。我深吸了一口气，看一眼亚当，最后一次在我的脑海里吟诵口诀：我将毫不动摇地坚持我的信念，在业务推进期间争取达到 2 万美元的销售额，并且付出非同常人的努力，直到我做到这一点，不管发生什么……没有其他选择。

没人开门，于是我按了一下门铃。我扫视了一眼车道和屋前，不确定自己想看些什么。也许哈默林太太藏在灌木丛里？我又按了一次门铃，还是没人开门。我回到车里拿回手机，拨打哈默林太太家的电话，那是我知道的唯一号码。无人接听。我又打了一次……还是没人接听。

我简直不敢相信。这不可能发生！

我等了半小时，其间又给她家里打了几次电话，还是无人接听。这就是我们销售代表所说的"不露面"，真是糟糕透顶。我深吸一口气，然后和亚当跳回车里，前往我最后一个约好的客户家里——这也是我实现目标的最后机会。我们早到了 1 小时，就把车停在了街上。

那 1 小时对我来说很难度过。它给了我太多的时间去思考。恐惧又回来了，我开始怀疑自己。怎么会这样呢？我已经付出了我的一切，一直保持着坚定不移的信念，也付出了非同常人的努力。现在，一切都取决于这一次销售预约了，这是我的最后一次销售预约。我的心揪得紧紧的。最后，我敲了敲卡萝尔·琼斯（Carol Jones）夫人家的门，同时默默地重复着我的奇迹口诀：我将毫不动摇地坚守我的信念，在业务推进期间争取达到 2 万美元的销售额，并且付出非同常人的努力，直到我做到这一点，不管发生什么……没有其他选择。

30 秒后，门开了。我面前站着的是一个 40 多岁的金发女人。

"我能帮您什么吗？"女人的瑞典口音让我措手不及。这不是跟我通电话的那个人。

"您是卡萝尔吗？"我问道。

不是。她肯定不是卡萝尔。原来她是卡萝尔的小姑子，从瑞典来看望卡萝尔一家，并参加她哥哥的 50 岁生日。瑞典的小姑子给卡萝尔打了个电话，说了几句之后，确认卡萝尔去了镇上的另一边，完全忘记了我们的预约。卡萝尔不可能及时赶回来了。"您有什么需要我帮忙的吗？"小姑子问。

我思考了片刻。瑞典的小姑子为参加自己哥哥的 50 岁生日派对来到美国度假，她不会买菜刀，对不对？尤其是价值近 3 000 美元的厨房刀具。"谢谢您的好意，没什么事。"

亚当清了清嗓子，向我俯下身来，说道："哈尔，我大老远来是看你如何向客户演示产品的。如果这位女士愿意让你做产品演示，我还是很乐意观看的。"

我看着亚当，浑身发冷。时间仿佛静止了。最后的时刻还没有

31

到来，这个善良的女人正在主动提供帮助。也许，在某种程度上，亚当今天来就是为了提醒我这一点。

我对眼前的女士说："实际上，我想了一下，您可以做点什么来帮助我。我本来要给卡萝尔做一个产品演示，向她展示一些高质量的厨房刀具，而这也是我本周的最后一次销售预约了。如果我能为您做一次产品演示，我将不胜感激，这样的话，我也算是没有辜负我的销售预约。您能接受吗？"

令人惊讶的是，她居然同意了。她说道："没问题。进来说吧！"

我们走进前门时，亚当对我笑了笑。我在心里默默感激他。作为本周我最后一次非同常人的努力，我将把我在卡特扣公司做得最好的、最富有激情的产品演示展示给这位女士。

60 分钟后，我结束了产品演示，准备问这位小姑子是否有可能买一套卡特扣厨房刀具，但她说的一番话，让我感到难以置信："哈尔，你选的时间太有意思了。上周，我和我丈夫正打算为瑞典的家买一套优质厨房刀具，但我们商量之后，一致认为应该等到美国之行结束后再买。最重要的是，我们全家人都在努力为我哥哥的 50 岁生日寻找一份完美的礼物，但目前还没找到，而我哥哥非常喜欢做饭，所以，这样的礼物将再适合不过了！"

我成功向她推销厨房刀具的概率有多大？我心里简直不敢相信。我对她笑了笑，期待地点了点头。

瑞典小姑子接着说道："那我就直说了。我要买两套你的终极套装：一套我自己家用，一套给我哥哥当生日礼物。"

我真想从椅子上跳起来拥抱她，好不容易抑制了这种冲动。这次销售，使得我一天的销售额超过了 3 000 美元，也使得业务推进期的总销售额超出了我设定的 2 万美元目标！

我和亚当驱车离开时，一种信念在我内心油然而生。我开始明白，如果我想让自己的人生变得卓越，坚定不移的信念和非同常人的努力就是两个可以创造非凡人生的决定，也是不断产生优异成果的秘诀。具体的、可衡量的结果是如此重要，如此出乎意料，以至于看起来像是奇迹。

> 无论结果如何，你都要全力以赴。在这个过程中，你成为什么样的人，比实现任何目标都重要。
>
> ◀ ◀ ◀ THE MIRACLE EQUATION

这就是可复制、可落地的成功秘诀

下一个业务推进期变成了一次实验。我采用了同样的策略，打算再次卖出 2 万美元产品，如果我做到了，这将是创纪录的四连胜。无论结果如何，我都要保持坚定不移的信念，付出非同常人的努力，直到最后一刻。不过，这次我带着一种好奇，想知道这个公式——我在日记中开始提到的"奇迹公式"——是否还能再次奏效。

它又奏效了。在这个业务推进期，我的销售额是 23 701 美元。虽然当时我并没有完全理解到这一点，但我确实正在培养一名奇迹专家的品质与性格特征，这将使我能够实现我设定的任何目标。

好吧，但也许只有我才这样。我猜想，可能我只是运气好点而已。我想确定这个公式是否正确，于是开始把它教给我的同事，也就是和我一样在卡特扣公司工作的销售代表，他们聘请我来指导他们。你马上就会读到的格里·阿辛格（Geri Azinger），就是我教过的第一位卡特扣公司的销售代表。你将了解到格里的故事（见下页）和我的非常相似——几乎完全一样，真的。

在格里的经历之后，我继续向几十位同事传授奇迹公式，几乎每一个我教过的人都创造了他自己的奇迹，在业务推进期完成了超过 2 万美元的销售额。这些结果是闻所未闻的。

我对这个公式的有效性越来越有信心。一个又一个销售代表成功打破了他们强加于自己的思维定式，取得了他们曾经认为不可能取得的切实成果。

需要说明的是，我没有教他们别的东西。没有传授新的销售技巧，也没有采用追踪以往客户的策略。我给他们每个人讲述了我自己运用奇迹公式的故事——和我刚才在这本书里讲的故事一样。同时，正如我在本书中要做的那样，我还向他们详细阐述了坚定不移的信念和非同常人的努力的原则。他们运用了这个公式。就是这样。

创造人生奇迹

创造翻倍销售业绩的奇迹

2005 年的夏天，格里来找我，因为尽管她每周都比其他销售代表卖出更多一些产品，但从来都算不上顶级的销售代表。她在业务推进期中最突出的销售业绩是卖出了 1.2 万多美元的产品，她来问我能否可以帮助她达到下一个阶段，即完成 1.5 万美元的销售额。我说："不但这样，我还会帮你卖出 2 万美元产品。格里，因为我相信你能做到。"我和她谈到了奇迹公式。

格里的回答是："我不知道自己能不能行，我从来没有做过任何类似的事情。但是我想，哈尔，假如这个奇迹公式对你有用的话，我不能理解它为什么会对我没用。"

和我在业务推进期开始时的情况十分相似，格里的前 5 次产品演示只带来了 1 000 美元的销售额，这真的不是她期待的开始。她下定决心要对自己保持信心，于是怀着全新的动力出发了。她继续销售了几组更大的厨房刀具，当天的销售额就远远超过 3 000 美元。在那一周剩下的时间里，销售业绩还是像坐过山车一样。到第二周开始时，她只销售了 8 500 美元的产品。她很害怕，但还是选择继续，和客户预约并且上门演示产品。

快进到业务推进期的第二个周五。这时候，格里的销售额约为 1.5 万美元，如果她想要接近最初的计划，需要在周末销售 5 000 美元的产品。周末晚上，她打了 50 个电话（比她周五晚上打过的电话还多），为那个周末预约了 7 次产品演示。然后她打电话给我。

"哈尔，我完成了 1.5 万美元的销售额！离我的目标还有 5 000 美元，我很紧张，但我会百分之百地全力执行奇迹公式，直到最后一刻。这很奇怪，但我真的相信它会发生！或者，我应该说，我有坚定不移的信念，认为我一定会实现目标，因为没有其他选择！"

那个周六的下午，一对感情非常甜蜜的夫妇买了当时我们卖的最大一套厨房刀具，也就是我用来创造奇迹的那一套，即"终极套装"。这对夫妇不仅为格里推荐了大量潜在客户，还把她带到隔壁，亲自将她介绍给他们的邻居，结果，他们的邻居又买了一套"终极套装"！

当时才下午 3:00。她当天的销售额已经超过 2 500 美元。她匆匆吃了几口饭后，就赶去做下一次产品演示，又完成了 1 000 美元的销售额。回到车里，她与一位潜在客户取得了联系，这位潜在客户之前很不愿意买这种产品。结果，潜在客户告诉格里，他唯一能预约的时间是夜班下班后——午夜。她不情愿地答应了。事实证明，她做对了。那次产品演示在凌晨 2:00 结束，最终使她完成了销售目标。

但距离销售竞赛结束还有时间，所以她保持着信念和努力继续销售。最后，她以超过 2.3 万美元的销售额结束了业务推进期，这差不多是她之前最好业绩的两倍。她曾经的梦想现在变成了现实。奇迹公式已被证明是正确的：坚定不移的信念 + 非同常人的努力 = 改变人生的奇迹。

接下来，更多的人证明奇迹公式能够应用得广。

罗伯特·阿劳可（Robert Arauco）是一位刚入职不久的销售代

表，当时他一边完成大学学业，一边做销售工作。他找到我，请我帮助他在业务推进期间首次完成 1 万美元销售额。我跟他讲的话，和跟格里讲的话一样。我说，我相信他可以通过运用奇迹公式将销售额目标翻倍，卖出 2 万美元，因为我看到很多人都这么做了。我开始教他运用这个公式时，他沉思片刻，然后挑战我的范例。他问道："哈尔，你认为我能用奇迹公式在两周内达到 3 万美元的销售额吗？"就我个人而言，我从来没有达到过 3 万美元销售额这一里程碑，但我告诉他，只要他想，他就能创造奇迹，并且没有任何人或事能限制。结果，罗伯特在两周内卖出了 3.1 万多美元的产品，并在第二周就完成了 2 万多美元的销售额。他在业务推进期结束之前一直拼尽全力销售，并在最后 1 小时里卖出了 6 000 多美元的产品。

奇迹公式的一再成功，证明了这并非侥幸。相反，它是一种经过验证的、可靠的、可重复的策略，如果得到正确理解和执行，任何人都可以立即开始发挥自己的全部潜力，创造前所未有的成果。

从"想要"到"得到"，奇迹公式 100% 助力成功

你可能在想：这个公式要怎么运用到我自己身上？我能理解，因为我自己也在想：在销售领域之外，奇迹公式还能奏效吗？事实上，正因为我要在除了销售代表的其他人身上测试这个公式，这本书才需要 20 年时间完成。

除了研究无数著名的成功人士来证实这个公式的普遍有效性，

我还将它教给尽可能多的人，让他们运用它创造各种各样的奇迹。我需要证据证明这个奇迹公式适用于任何情况下的任何人。

简而言之，它确实适用于所有人。

下面这个简短的名单，列举了一些成功运用了奇迹公式的人，他们和我分享了运用奇迹公式创造非凡成绩的故事。

创造人生奇迹

他们能得到的，你也一定能得到

安杰拉·梅（Angela May）是一位单身母亲，在星巴克当咖啡师，年收入 1.2 万美元。当然，这是她决定自己创业之前的事。她自主创业后，不到一年时间，收入就达到了六位数，并且在过去的连续三年里将收入提高到了七位数。

蒂姆·尼古拉耶夫（Tim Nikolaev）16 岁时从俄罗斯来到美国，17 岁应聘到卡特扣公司工作时学会了这个奇迹公式，并且用它来创造自己梦想的人生。如今他 30 岁出头，经济自由，基本上已经退休了（这意味着他在房地产上的被动收入超过了他的支出，他只在自己想工作的时候工作）。根据蒂姆的说法，他学到的最宝贵经验是你通常无法预测你将走一条什么样的道路去实现某个看似遥不可及的目标，但如果你不论结果如何都不遗余力地去做，直到最后一刻，必然会达到你的目标，或者更高的目标。

谢莉·博伊斯（Shelley Boyes）有一个梦想，要为那些在生活中挣扎的年轻女性建立一个家，那些女性面临的问题包括饮食失调、药物和酒精依赖，以及虐待、焦虑和抑郁的影响，但谢莉不知道如何去做。奇迹公式彻底改变了她的想法，使她相信她可以做自己认为可能的任何事情。后来，她创建了一个项目，叫作"为希望选择生命的家园"。

布兰登·拉贝拉（Brandon LaBella）梦想着完成 2017 年纽约市马拉松比赛。比赛的前三天，他撕裂了膝盖内侧的副韧带，只能靠拐杖行走。但他没有退出比赛，而是在比赛中借助拐杖跑出了最快的成绩，并且决心打破这个纪录。凭借坚定不移的信念和非同常人的努力，他暗下决心，无论如何都要完成比赛。他继续猛冲并且成为最快的选手，创造了一项世界纪录！

凯里·斯莫伦斯基（Carey Smolensky）14 岁时创办了一家 DJ 公司。他在牙科学校读书的时候决定退学，转而追逐自己的充满激情的理想。后来他受到了自己坚定不移的信念和非同常人的努力的鼓舞，决定打破传统模式，在举办活动和娱乐等方面有所建树。40 年后的今天，他的家族企业在全球各地举办活动，吸引了 100 多万人参加，企业发展到年产值数百万美元。凯里写了一本关于激情的书，继续追逐自己的理想，并且成功地发起了他自己创办的年度会议——激情峰会（the Passion Summit）。

2016 年，安杰尔·莫拉莱斯（Angel Morales）独自环游世界 11 个月。他到过五大洲的 26 个国家。为了实现自己的梦想，他花了两年时间存钱、研究、准备。当他告诉别人他要辞职去周游世界时，没有人相信他。但他凭着坚定不移的信念，购买了一张环球机票，使梦想变成现实。

阿莱斯·巴克斯（Ales Backus）从一个整天玩电子游戏的内心抑郁且有自杀倾向的青少年变成了一位空中艺术表演者和老师。他变得韧性十足，激励各个年龄段的人们去实现他们的梦想。随着他持续运用奇迹公式，在过去的 12 个月里，他的收入翻了三倍。

肯·温伯利（Ken Wimberly）用两年时间减掉了 20 多磅，还清了 35.2 万美元债务，使自己的经纪业务的年产值从 2 000 万美元增加到了 7 000 万美元。

文森特·瓦伦蒂（Vencent Valenti）娶到了梦中情人，买下了梦寐以求的房子，写了一本儿童读物，创办了两家公司（还卖掉了其中一家）。

杰茜·沃尔特斯（Jessie Walters）从最初的因为焦虑而卧床不起者变成了一名成功的房地产经纪人，并且担任她所在教堂的发言人。

迈克·伊顿（Mike Eaton）减掉了 88 磅体重，同时实现了他成为一名单口相声演员的梦想。

《早起的奇迹》这部电影的制片人特雷莎·劳瑞科（Theresa Laurico）在我们拍摄电影的过程中被一辆巴士撞倒了，她的身体遭到重创。那时我也正在接受癌症治疗，于是我们互相鼓励，同时运用奇迹公式来达到完全恢复。

我在收集这些故事的时候，试图唱反调，看看是否能找到那些没有运用坚定不移的信念和非同常人的努力却实现目标的人，但是没有找到。

我将借助这本书来分享更多的故事，这些故事涉及世界各地的人们，从世界著名的奇迹专家，到那些你可能不知道名字的人，他们都运用这个公式成功创造了具体的、可衡量的奇迹。对你来说，每个故事都在证明什么是可能的。这个公式的美妙之处在于，不论目标大小，它都适用，也适用于任何做出并坚守这两个决定的人。

本书余下的部分将作为你通向你想要的生活的桥梁——不是简单地盼望这种生活，而是理解如何从想要它到创造它。我将带着你历经这个过程（它是一个过程），使得创造具体的、可衡量的奇迹最终成为你的准则。当你选择将这两个决定具体化时，你就成了一位奇迹专家，你的思维方式和生活方式将与过去截然不同，并助推你现在和未来产生不同的结果。

融入这个新的奇迹专家身份的第一步是辨别和克服我们都有的但通常没有意识到的人类内心冲突。在下一章中，我将描述这种冲突，看看它会怎样在你的生活中显现，然后你要怎样去努力摆脱它，以便得到你想要的结果。

第 3 章

THE
MIRACLE
EQUATION

克服内心冲突，
迈出改变的第一步

别让内耗限制自己的无限潜力

> 改变总是发自内心的，谁也无法诱使或强迫他人改变。一个并非全心全意想要改变的人，永远都不会改变。
>
> 马歇尔·古德史密斯（Marshall Goldsmith），《自律力》

你可能像很多人一样，忘记了一个关于你自己的最基本事实：你的潜力是无限的。

人生而伟大，这一事实的证据比比皆是。每一天，当我们中的一人挖掘我们都同样拥有的无限潜力，并且为我们都能实现的目标确立新标准时，以前的局限就被打破了。别人所做的一切都证明了你的潜力。你在生活中想要的一切都在你的身边，等着你决定去追求你想要的。

假如你回忆童年，你可能会想起这种感觉。在你的意识中，成为一位著名的芭蕾舞演员或棒球运动员似乎是完全可能的。你从未想过自己可能实现不了你梦想中的景象。一切皆有可能，你的未来具有无限的可能性。但长大后，我们中的一些人已经完全失去了这种意识，另一些人可能通过足够的提示或回忆"本来会怎样"来找回这种意识。尽管如此，这种感觉似乎很遥远，与人们现在的生活也不再相关了。生活中有一堆账单等着我们，光靠一份工作似乎也压力颇大，此外，我们还需要支出一些无法摆脱的额外开销。但是，即使你记不住这些信息，它们也依然在那里，依然与你的生活息息相关。

那么，我们是怎么忘记这个重要事实的呢？

这并不是我们自己的错，我们一直在不知不觉地破坏自己，而且随着年龄的增长，情况只会变得更糟。我知道，这令人沮丧，但却是事实。我们在生活中面临着一些难以逾越的障碍，无论是在我们自己的头脑里，还是在我们周围的世界里。这些障碍可能难以察觉，我们通常甚至不知道它们的存在。

首先，我们大脑中根深蒂固地存在这些与生俱来的倾向，它们不断地将我们从通往成功的道路上击倒。我们与生俱来的人类天性，使得我们选择容易的道路，怀疑自己，当事情变得困难时就放弃。容易的道路常常在短期内让我们感到更为舒适，我们的大脑认为，这种舒适感必定是我应该追求的。

然后，随着我们渐渐长大，从周围的人那里吸收信息（无论是明说的还是暗示的），我们被教导要遵守规则，适应环境，与人相处。我们甚至允许他人不合理的观念限制自己，扼杀我们"一切皆有可能"的想法。

我们所爱之人会拍拍我们的后背说"你已经做得很好了"，但从来不让我们对自己全部的潜力负责，可能是因为他们也没有挖掘出自身的全部潜力。我们相互支持着对方少许的成就，直到最后共同滑入平庸的深渊。

再过一段时间，我们就加入了墨守成规者的行列，最终听信了《我为什么无法做到令人惊讶》（*Why I Can't Be Amazing*）这首歌。我们积累了大量会限制自我发展的想法，却很大程度上甚至都没有意识到它们的存在。我们付出的努力仅够将事情应付过去。我们每天都在循规蹈矩地生活，常常没有明确的目标或意图。我们允许别人对我们施加限制。到最后，尽管最终的结果与我们真正想要的和有能力做到的还有差距，我们依然满足了。在某种程度上，我们的大脑和我们那些善意的朋友和家人，绑架了我们的奇迹生活。

天呐。人们怎么才能在重重困难中创造非凡的人生呢？

问得好。答案在于理解我们每个人都面临的人类内心的冲突：在内心深处，我们知道自己的潜力是无限的，但我们自己的大脑和周围的世界限制了我们，所以我们仍然无法创造我们原本能够创造的成就。这种冲突会导致不愉快、焦虑，使我们不断感受到，这个世界上还有其他东西——更多的东西等着我们。我们知道它们是存在的，但不知道该怎么去做。

直到现在，你看到这本书，情况有所改变了。

为了创造你能想象到的最不同寻常的人生（也就是你想要的、理应得到的、注定的人生），你必须克服这种内心冲突，走上通往成功的道路。

这条道路不一定最简单，也不一定是最舒适甚至最安全的选择。当你觉得自己在为某个决定讨价还价，而这个决定可以归结为你的局限（以你的过去而言）或者无限（以你的潜力而言）时，你要选择无限。就说这些。

这并不容易，我从没说过这很容易。但它是可能的，尤其对你来说。如果你愿意读到本章的最后，你就会对你和你应该过的奇迹生活之间的障碍产生许多新的洞见。你会发现，哇，我完全可以做到。

我们开始吧。

非理性恐惧如何侵蚀我们的梦想和生活？

接下来，我会向你介绍一些观点。无论你现在的人生处在什么位置，不管你是正在奋勇拼搏，还是忍受着不愉快、痛苦或介于两者之间，都请考虑这一点：你要恰好在你应该在的地方学习你需要学习的东西，这样才能成为你需要成为的人，能够创造你想要的一切。哟，这说起来有点拗口，但我完全相信，希望你也是。当你选择从经历中学习时，你拥有的每一次经历，包括那些最艰难的，都将是一种财富。

这就是问题所在，也是你需要介入的地方：如果你没有过上你想要的生活，可能是你的错，也可能不是，但是，你有责任做出必要的改变，以达到下一个层次。没有人会为你做这件事。你要不要选择去过 10 级（最高级）的生活，这取决于你。要达到这个目标，第一步是克服内心的冲突。

选择有限的人生还是无限的人生，体现在各个方面：我应该辞掉工作，自己创业吗？当我不确定这个人是对的伴侣时，我应该结束这段关系吗？若是我想减掉 10 磅体重，就真的必须不再吃我喜欢的东西吗？这些决定中的每一个都会影响你生活的不同领域。尽管如此，它们都能归结为受限，受到你的过去、你的内心恐惧、你的失败或者其他人的限制。相比之下，如果你认为自己的潜力是无限的，就不会受到限制。思考一个你现在正在考虑的决定。你能将它通过滤镜来过滤吗？当你这样做的时候，它看起来有什么不同？

我在写《早起的奇迹》时，不断地与恐惧和自我怀疑做斗争，这些发自内心的情绪在"大声"呼喊着我放弃写作。尽管我非常相信"早起能够创造奇迹"这个概念，并且亲眼看到了结果，但内心的声音一直在阻挡我：我是什么人，能让人们相信他们应该早起吗？我怎么可能强迫某个人去克服"我不是早起的人"这种根深蒂固的局限性信念？值得庆幸的是，我没有让自己内心的冲突左右我的决定。我拒绝让恐惧支配我的行动。

冲突以成百上千种方式出现在我们生活中，其中有几种内心冲突往往最容易出现，我们必须克服它们。首先，我们的大脑将新的机遇视为危险，也拒绝接受我们应该得到我们想要的一切的观念，而是满足于在生活中的一个、几个或所有领域中，只付出平庸的努力和得到平常的结果。我们忽视了自己的天赋，看不到自己所能完成的一切。最后，我们让世界影响我们的思想，甚至定义我们，这通常致使我们相信自己的能力比实际上的更差。与所有这些局限相对立的是这样一种信念：在你的内心深处，有一些没有得到充分发掘的潜力。所以，我们内心的焦虑依然存在。

这些冲突中的每一种，都足以对你人生的宏伟计划造成严重影响。而它们的共同作用使你几乎不可能找到你真正想要的东西。让我们更深入地探讨每一种冲突，这样就能理解它从何而来，以及如果你不克服它，结果会怎样。在这一章的最后，我们将讨论如何克服这些冲突，这样你就可以开始创造你一直期待的生活。

内心冲突 1：将新的机遇视为危险

我们大多数人都会陷入这样的怪圈：对某个新的目标感到兴奋，然后，要么是在事情变得棘手的时候，要么是在开始之前，突然停止追求这个目标。这是为什么呢？

这一切都始于人脑。人类的大脑是不可思议的。它是我们身体的指挥中心，指挥着我们的肺呼吸，心脏跳动，身体运动，甚至能让我们通过关注生活中使我们感觉良好或者令我们感到糟糕的东西来决定生活究竟是好是坏。我们做的所有事情，或者没有做的所有事情，都始于大脑。但是，即使大脑能够让我们体验生活，它也会阻碍我们创造自己想要的生活。

虽然我们生来就有无限的潜力，但大脑在许多原始的、史前就存在的条件反射下运转。我们天生就会警惕周围的危险环境，这是因为，在穴居时代，假如人们不及时注意快速移动的狮子，就有可能万分痛苦地被它吃掉。另外，吃错蔬菜也可能会中毒。我们每过几天就会遇到许多生死攸关的情况。严格说来，我们只是想努力活到明天。幸运的是，大多数人如今都不会经常遇到这种情况，甚至从来不会。但我们的大脑并不知道，它仍然是偏执狂，总在警惕可能的威胁，不断试图保护我们的安全。

然而，我们的大脑并不是害怕死亡，而是对任何可能带着我们离开舒适区的事情保持高度警觉。对死亡的恐惧已经被对失败的恐惧和身体上的不适所取代。如今，我们待在安全的地方，不再仅仅是为了躲避捕食者，而是为了逃避机会。我们在很大程度上害怕未知。当新的机会出现时，我们原本有可能进一步发展为我们想成为的人，但大脑却发出警报。我们会立刻浏览所有可能出错的地方：我可能失败，可能陷入尴尬，可能无比失望。所有这些压力，使得我们很难做出明智的决定，并且破坏了情绪。有时候我们觉得是情绪控制了我们，而不是我们控制着情绪。

外部环境开始支配我们的内心状态。我们变得被动，失去了在各种情况下做出最佳反应的冷静思考的空间。当情绪掌握控制权时，我们几乎不可能一直专注于目标，因为任何微小的挫折都无法克服。所以，我们好比不断地爬回洞穴，那里才是我们的舒适区。虽然里面很黑，但感觉安全。

我们所有的能量和精神都集中在试图关闭压力反应上（顺便说一句，这会使情况变得更糟），接下来，我们就会认为一个好机会实在是太危险、太难使我们达到目标。任何使我们偏离常态的机会，我们都会认为应该避免。

奇迹专家已经想清楚了我们其他人没有想清楚的东西：怎样绕过这种压力反应。或者更准确地说，当这种压力反应有害或起阻碍作用时，如何关闭它们。奇迹专家训练自己的大脑去理解不舒服的情况和真正的生死之间的区别。他们总是有意识地选择专注于并保持"事情可能会变好"的信念，从而用这种信念取代害怕出错的恐惧。即使他们知道失败的可能性总是存在（你将在第 5 章中学到，实际上并不存在失败的可能性)，也还是会花时间去探索和追求那些能让他们快乐和满足的可能性。

奇迹专家不会停留在他们内心的恐惧和过去的失败上，他们明白，对自己有信心并且积极寻找必要措施来将最有意义的目标变成现实才至关重要。他们通过控制自己的大脑来掌控自己的人生。

我们大多数人做不到这样。从尚未进入职场的高中生到《财富》评选的 500 强公司的首席执行官，我们都在与非理性的恐惧及过度活跃的压力反应做斗争。我们需要考虑，我们的非理性恐惧如何侵蚀我们的梦想和生活。我们要做的不是害怕和逃避机会，而是来一次深呼吸，然后向机会奔去。我们要接受失败，从错误中学习，然后再尝试一次。以后要经历的恐惧也许还会有很多，我们要用信念来代替恐惧。真的，没有其他方法可以克服这种冲突并取得成功。

内心冲突 2：接受平庸，却不相信"应得"的成功

无论你怎样定义 10 级成功，我确信，如果你正在阅读这本书，你就一定想要获得更多成功。但是，你认为你理应获得多大程度的成功呢？

不幸的是，我们大多数人并不会真正相信或充分地感受到一点，即我们应该得到的比我们拥有的或者看到的要多。无论成功、快乐和满足的程度如何，我们都习惯于将其变成自己对未来期望的常态和标准。这样我们就在延续过去，而不打算生活在更加美好的未来之中。我们中的许多人甚至从未迈出脚步，因为我们并不真正相信，

当我们一路朝着自己的目标奋进时，我们理应得到些什么。

为了成为奇迹专家，你不仅要相信你最大的目标和梦想也许实现、可能实现、必然实现……而且要相信，你值得实现它们。如果没有后面这一点，你就永远无法实现目标，因为你真的不相信你值得。你总能找到借口远离你的成功。但是，当你相信你有权取得成功时，你就会为之奋斗。

现在，我知道使用"有权"（entitled）这个词会令一些人反感。它通常与那些认为自己应当享有特权或特殊资源的人们（尽管他们并没有为获得这些特权或资源做任何事情）联系在一起。应当享受权利的感觉常常与自恋或傲慢相联系，拥有这种情结的人们，就像一个从未意识到自己并非宇宙中心的孩子。

这里描述的是一种应得的感觉，不管自己是否做出了任何努力。大多数人就是这样认为"有权"的含义的。但是，"有权"的含义还包括另外两种形式的权利，且这两者都需要引起你的注意。其中一种你应该继续追求，另一种你应当设法避免。

受启发的权利是我们应该尽力追求的，其特征表现为这样一条基本信念：和地球上其他所有人一样，我们每个人都值得、理应、能够创造和拥有任何我们想要的生活（也就是我们愿意付出努力去实现的任何事情）。几乎每一项伟大的成就都从某个人的信念开始，这个人相信自己有能力付出努力去完成它，并且相信自己值得拥有随后的成功。这种权利是健康的，是创造具体的、可衡量的奇迹的先决条件。它强化了我们对自身潜力的信念和对这种潜力的认识。需要说明的是，这对包括我在内的许多人来说都很难。

我们不认可自己付出的努力。当有人表扬或感谢我们出色的工作时，我们会脸红。有时我们甚至直接拒绝奖励；即使它的确是件大事，我们也会说："这真的不是什么大事。"接受表扬让人感觉不舒服。想想当你觉得自己不值得去追求某个目标的时候，你会感到做事多么困难。当你以为自己没有能力创造奇迹的时候，几乎不可能想着付出必要的努力去创造奇迹。

一方面，在很多情况下，你要用受启发的权利来点燃坚定不移的信念。你会发现，相信最终结果是你应得的，往往比相信你能达成目标更容易。但并非每个人都如此，也不是每个奇迹都如此。就我自己而言，我知道挖掘这种应得的感觉并非总是那么容易。每每看到那些正在苦苦挣扎或不那么幸运的人们，我就想，为什么我理应比他们更快乐或更成功呢？记住，有时候你需要用非凡的努力来获得一点动力，然后才能体会受启发的权利。

当你开始付出持续的努力时，你付出得越多，自然就会觉得自己越值得。这个顺序并不重要，重要的是你必须承认，你值得拥有你想要的任何东西，并且愿意为之付出努力。只有这样，奇迹公式才能成立。奇迹专家认可他们的贡献，并且认为他们的努力值得获得回报。

另一方面，我们的权利被误导了，这其实是一种伪装成应得感的懒惰。我们告诉自己"哦，我应该得到这块饼干。我一直吃得不错"，或者"我理应买这个我并不真正需要的东西，我对自己的开销很满意"，或者"我应该放弃去健身房，我历来就很擅长锻炼"。这些听起来十分熟悉吧？我们经常这样做，但这是有害的。

这种行为强化了平庸。我们对自己"很好",但"很好"其实并不好,也不能让我们接近奇迹。它只是让你在表现不佳时给自己一点鼓励。它允许你懒惰。和过度劳累到筋疲力尽的地步对健康不利一样,付出的努力比你知道自己应该付出的更少时,也不利于达成你的目标。

接受自己平庸的努力,会阻碍你实现 10 级的成功,同时,你需要付出的努力,与你想要完成的目标是相关的。一个正在为跑马拉松而训练的跑步者可能需要一周跑 5 天,而一个想让自己更健康的人可能只需一周健走几次,每次走 30 分钟。只有你自己知道,在没有别人注意的情况下你付出了多大的努力。你对 10 级成功的定义也是独特的,不论你想要实现些什么。关键是要让你的行动和付出的努力与你的目标相一致,你才会觉得自己值得去做,不至于落入懒惰的陷阱。

老实说:懒惰的感觉很好。谁不喜欢刷剧,躺在家里,没有责任,不用担心,且没有内疚感?但是(这是一个很大的"但是"),为了在没有内疚感的前提下变得懒惰,你必须先做好一些事情来奖励自己有理由地懒惰。我有一条原则:花时间陪孩子,做一些能为妻子的生活增加价值的事情,完成所有与工作相关的任务,然后才享受"无罪的"懒惰。如果你要狂看电视剧(我并没有评判之意),只要确保你完成了一天中最重要的事情之后再看,就没有问题。

懒惰的一个主要问题是如果你在偷懒之前什么都不做,那么它会让你感觉你没有资格获得更大的成功。如果你没有付出持续的努力,就配不上实现你追求的目标,而且你自己也知道。这导致你不相信自己，不相信你应该得到比现在更好的东西。这正是为什么被误导的权利如此危险的原因。

我们在自己面前抛出的另一个障碍是"保持忙碌"，这也是被误导的权利的另一种表现。有多少次你告诉自己，由于你太忙了（这里应该响起鼓声……），所以无法利用某个新的机会，或者找不到时间去实现你的最大梦想？太忙，实际上是在忙于做那些并非真正重要的事情，因此我们骗自己，以为自己富有成效。回复了几十封电子邮件，我们可能觉得自己很有效率，进而认为自己很有价值，但在内心深处，我们知道这是个谎言。

在卡尔·纽波特（Cal Newport）具有开创意义的著作《深度工作：如何在分心的世界里保持专注》（*Deep Work: Rules for Focused Success in a Distracted World*）中，他解释说，我们执行深度工作或者专注于某项任务的能力，需要在较长时间内投入大量脑力，但如今，我们的这种能力正在减弱，仿佛这项技能已经更多地成为一种资产。那些能够提升这项技能的人们将会得到相应的奖励。在创造奇迹的过程中，只有那些能够摆脱身边干扰，不再将时间花在无关紧要的任务上，而且将自己的精神（和身体）能量长时间集中在一个目标上的人们，才能创造出具体的、可衡量的奇迹。假如把时间浪费在不太重要和不太紧急的事情上而看起来十分忙碌，则与创造奇迹背道而驰。

我们看一眼自己的待办事项清单时，会很自然地倾向于先从基本上不会产生重大后果的低优先级、低风险的活动开始，可能包括查看电子邮件、在社交媒体上发帖、进行在线调查、进行任何形式的整理工作（无论是实物整理还是数字化整理），甚至包括个人发展（假如你用它来证明拖延其他更重要的任务是合理的话）。

忙于从事不那么重要的活动，我们实际上在让自己分心，使自己远离那些真正重要的活动，而恰恰是这些重要活动，使得我们朝着实现最重要的目标和梦想的方向前进。从事高优先级的活动可能使人感到害怕，因为它们会带来重大的后果，也许迫使我们不太敢追求"我应得"的东西。忙于做不那么重要的事情，则会使我们觉得自己不应该获得想要的成功。

内心冲突 3：无法准确看待自身的潜力

稍后你会在本书中了解到，我在 37 岁时被诊断出患了一种十分罕见的恶性肿瘤。我开始接受治疗时，体重从 167 磅迅速下降到 127 磅。其中的 30 磅体重是在最初的三周内下降的。我的身高有 6 英尺多，所以瘦下来之后颧骨变得更突出，肋骨和髋骨也进一步突显。我身上的毛发都掉光了。有趣的是，我在照镜子时，看到的还是原来的我，只是没有头发而已。我从镜子中看着自己时，觉得镜子中的人并不是个骨瘦如柴的癌症病人，而是一直以来的我。

理智上，我知道我的身体看起来一定不一样了。我的意思是失去 40 磅的体重并不是个小数目，尤其对于原本就很瘦的人来说。事实上，我的约 1/4 的体重在几周之内就消失了。当我对妻子厄休拉说，我觉得自己看上去还和以前差不多时，她脸上的表情告诉我，不是这样的。更不用说我好心的父母一有机会就想办法喂我吃东西。

我从外部世界得到的信息与我内心的感知截然不同。在这种情况下，我对自己的看法是偏颇的。

我想，身体有缺陷的人（也就是说，因为察觉到的或者轻微的身体缺陷感到极度不安的人）才会有这种感觉，但现实的情况正好相反。对于有些人来说，当体重秤清楚地显示他们的体重处在健康范围内时，他们会因为认为自己胖而运动到筋疲力尽。还有些人纠结于如何把注意力从鼻子上转移开，他们觉得自己的鼻子太大了，看上去和脸不对称，尽管其他人都没有注意到。他们无法准确地看待自己的身体。我也一样。

不幸的是，我们还无法准确地看待我们自身的潜力，不知道自己真正能做什么。事实上，如果你暂停一会，听听自己内心的声音，你可能会听到很多我们大多数人无意识地对自己反复念叨的负面言论："我不值得""我很不幸""我太忙了""我很懒""我不知道从哪里开始""他比我好""我尝试过改善生活中的这个方面，但从来没有坚持过"等。像这样的负面陈述，好比我们在头脑中不断循环听到的录音。我们听到的足够多，便相信它们是真实的，然后采取相应的行动。

我们会指着过去的失败说："不，我不会再试了。"这么多年来，我们把别人对我们能力的轻视内化于心了。我们寻找证据来支持甚至证明我们的局限性。在所有这些之后，我们根据自己过去的范式，对自己相信什么是现实的或者可能实现的等方面得出结论，并且最终错误地认为自己缺乏能力。但实际上我们并不缺乏。这个星球上没有哪个人不曾回忆过他的过去并且想起自己曾经的失败，即使是最成功的人也不例外。重要的是你不必这样生活；你可以有意识地根据自己无限的未来做出决定。在《早起的奇迹》中，我讲了一个故事：

> 有一次我意识到我对自己的长处和短处没有准确的认识，于是给 20 多位认识我的人发了一封电子邮件，请求他们给我真实反馈。这些人包括家人、朋友、同事、导师，甚至还有几位前女友。我收到的回复既让我大开眼界，又使我充满动力，还让我感到有一点点痛苦。这就好比在 3D 影像中看到了自己；我最终看到了我的全部，包括我对自己的看法以及在不同身份的人们眼中的形象。

这次练习改变了我的人生，因为我将收到的反馈写下来，然后相应地改变自身行为。同时，这次练习也改变了许多尝试过这种做法的人们的人生。如果你认为你可能没有准确地看待你自己的全部（你也许不可能准确看待），这绝对是一个值得考虑的练习。

所有从平庸走向卓越的人，都是从第一次看到更好的自己开始的。他们乐于根据他们自己的无限潜力来描绘自己的愿景，然后开始按照这个愿景来生活。

一开始做起来并不容易（很少有事情是这样的），因为它给人的感觉是不真实的。不过，久而久之，当你经常（每天）重新审视这个愿景时，就会越来越觉得它是真实的，因为它就是真正的你。最终，随着时间的推移，你的新愿景变成了你的新身份，也必然变成了新的现实。

内心冲突 4：用别人眼中的样子定义自己的人生

如果你曾把自己塞进一条太小的旧牛仔裤里，你就会知道有多难受。纽扣会戳进你的肚子，布料紧紧粘在你的腿上。你甚至可能难以正常行走，不仅不好看，而且很不舒服。

事实上，我们在生活中也做着类似的事情。当我们让别人来决定我们自己应该成为什么样的人时，最终会压抑自己的本能，使自己变得不再是原来的自己。我们要按照自己的方式做事，要为了我们自己真正想要的而奋斗，但是我们往往会活成别人认为我们应该活成的样子。在此过程中，我们会觉得无法像自己期望的那样自由行动，被他人的期望所限制甚至是控制，使我们感到不舒服。

在很大程度上，我们小时候受到的教育是这样的：要看轻自己、遵守规矩、性格合群，并且遵照别人制定的规则。这些规则是为了帮助我们融入社会而设计的，但是和我们与生俱来的获得 10 级成功的渴望背道而驰。在我接受的正规教育中，没有任何课程教过我如何跳出框框思考，探索自身的独特天赋，或者发现世界上最成功的人遵循哪些规则（这些规则会给我一张清晰的路线图，告诉我如何加入他们的行列）。有这样的课程吗？在哪里呢？

标准的人生轨迹是上学，然后找份稳定的工作，一直工作到 65 岁，希望那时的你有足够的钱过上平庸的退休生活。我们习惯于负责任、温顺、按部就班地去融入社会。但所有这些行为都是习得的，与"你是谁"或者更确切地说与"你可以选择成为什么样的人"无关。

到最后，我们学会了不信任自己的直觉，对自己冷嘲热讽。我们把取得非凡成功的人们视为异类，觉得他们"不同"于常人。从童年开始，历经许多年，我们都受到别人对我们"可能做些什么"的期待的束缚。尽管强迫自己进入这个轨道也许是阻力最小的路径，但它让我们不满足于此，而是继续寻找一种方法来实现"我知道我能做更多"的渴望。

正如接下来的示例故事中的尼克意识到的那样，我们在内心深处知道我们有能力做更多事情。我们也想要更多，想过上有意义的生活，想改变世界。我们很多人都能听到内心的声音在告诉我们，我们可以活成自己想要的样子。它也许是一个安静的声音，经常被恐惧和不安全感淹没，但它就在那里。你有没有听到过自己内心的声音？

创造人生奇迹

克服局限，人生由我

最近，我认识了一个我见过的最鼓舞人心的人——22岁的尼克·桑托纳斯塔索（Nick Santonastasso）。尼克生下来就患有汉哈特综合征（Hanhart syndrome）。这是一种极其罕见的遗传疾病，导致他失去了双腿，右臂没有完全成形，左臂只有一根手指。2014年，尼克在YouTube网站上传了《我的人生故事》（*My Life Story*）的视频，他在视频中解释说，已知的汉哈特综合征病例只有12例，只有4个人还活着，他是其中之一。

令人难以置信的是，他从不让这些身体上的局限妨碍他追求自己的兴趣和梦想。尼克玩滑板，在船后玩尾波冲浪，曾是高中学校的摔跤队队员，参加过健身比赛，而且是一名健身模特。他还出现在美国有线电视新闻网（CNN）和福克斯电视台（Fox）的节目上，凭借其搞笑的视频成为网络明星。当 12 岁的尼克出现在《今日秀》（*Today Show*）节目上，被问到他从哪里获得无限力量时，他回答说，他知道一切皆有可能；他只是想尝试自己认为有趣的事情，而且可能喜欢上这些事情。他不害怕失败，因为他知道他可以重新站起来，再试一次。

尽管困难重重，尼克也从未动摇过自己是谁、想要什么的信念，他为自己创造了非凡的人生。他拒绝以世界对他的看法来定义他。他一直清楚地知道自己是谁，不管怎样，他注定要成为与众不同的人——没有其他选择。除了成为一名健美运动员和健身模特外，尼克现在还是一名励志演说家，向全世界传递着鼓舞人心的声音。事实上，我不久前已经预先安排他在明年"最佳年度蓝图"的现场活动上发表他的主题演讲了。

那么你又是怎样定义自己的呢?

如果你到目前为止仍不能以任何有意义的方式回答这个问题，也别担心。很多人都是如此。相反，我们往往滔滔不绝地说出别人给我们贴上的标签，并将其当作真理。我是一个妻子 / 丈夫、母亲 / 父亲、律师 / 学生、创造型 / 分析型人士、家庭主妇 / 职场人士。标签可以一直贴下去，但它们真的能把你描绘成具有无限可能性的你吗？

在某种程度上，我们早在孩提时代就被贴上了各种标签。无论是临床诊断的结果还是家人给我们的昵称，都是一些标签。问题是等我们长大后，这些标签依然存在。比如在我家，有些人就是天使（我的姐姐），而另一些人却是麻烦制造者（我），还有一些人可能是优秀的运动员或艺术家。

这些名字和标签帮助我们根据周围人对我们的看法来塑造自己的身份。很快我们就知道我们是谁，当然，这些都是基于别人对我们的看法。在某种程度上，这些标签也塑造了我们的朋友圈、我们从事的活动、我们的好恶以及对未来的抱负。我现在并不是说愚蠢的童年昵称和医学诊断结果本身就不好。昵称通常是一种情感的表达（从我 15 岁起，我妈妈因为我在电台做 DJ 的工作给我起了外号，人们就一直叫我"Yo Pal Hal"）。另外，人们可以根据医学诊断的结果推断出我们需要获得怎样的帮助。当我们允许那些名称和标签来定义和限制我们时，问题就出现了。然后，这些限制伴随着我们进入成年期，我们继续依靠其他人来告诉我们自己是谁。

我对我的孩子们特别注意这一点，努力保护他们不被那些可能定义和限制他们自身的标签所束缚。例如，我女儿认为她患有多动症，我甚至不知道她为什么这么想。医院从来没有正式诊断过，老师也没有给她贴上过这个标签。我猜她可能听我说起过我自己的多动症（我成年后被正式诊断为多动症）。不管她是怎么想出来的，我都不希望她用这种自我诊断来限制自己的能力。

和女儿一同谈论这个问题时，我把多动症描述为一种性格特征，并且告诉她，我们中的一些人很幸运地拥有这种特征，它使我们变得富有创造力，能够偶然间发现伟大的创意（因为多动症患者在思考时总是从一个创意跳到下一个）。我还在谷歌上搜索了一些短语，比如"著名的、成功的多动症患者"，向女儿讲述了一些从来不让诊断结果限制自己的人们的故事，我摆出了他们的成就作为证据，证明这可能是一种优势。我还对女儿解释，虽然多动症患者可能需要更加努力才能保持专注，但并不是说"做不到"。我对她的看法是除了她自己，没有人可以决定她能够做什么。有时候，她比别人更容易接受我的解释。就像成年人常常做的那样，她有时也会挑战自己的局限。

别找借口了，消极≠接受现实！

我们都曾受伤、灰心和失望。我们都有过这样的经历：希望沿着一条路一直走下去，但最终却没有走到头。是的，所有这些都很糟糕。但更糟糕的是，我们允许这样的经历来渲染我们的整个世界。我们对再次受伤的恐惧会阻止我们去冒险和追求机会，这使我们的人生格局变小了。

甚至情况还会进一步恶化，当我们允许伤害把我们推向自我毁灭的循环，并为我们的局限而争论，这就意味着我们会不断强化这样的想法：由于某种孤立的经历，我们不能做或不能拥有我们想要的东西。每当有新的机会出现，我们就会给自己找个借口不去争取，因为我们以为自己要么没有资格或能力，要么也许无法成功，然后站在那里挠头，想知道我们梦想的生活为什么没有如我们所愿地出现。

你是否听过有人这样解释他们的抱怨："我并不消极，我只是现实了一点？"这是一个为自己的局限性辩护的经典案例。真的，这根本不符合逻辑。考虑一下：

> 与重点关注和用言语表达我们的局限性（这必然会打消我们采取有意义的措施来改善自身的积极性）相比，如何更加"现实地"重点关注和用言语表达我们的无限潜力（这给了我们力量，并且提醒我们，我们有能力改善自己并实现任何目标）？

两者都同样现实，但你持续地重点关注哪一个，对你现在的生活质量和你的未来将产生截然不同的影响。

此外，没有人真正知道什么可能，什么不可能。我们只是不清楚我们不知道的东西是什么。那些曾经被我们认为不可能的事情，每天都在变成可能，并且最终成为常态。专家们曾经认为，男性（或女性）不可能在 4 分钟以内跑完 1 英里。如你所知，这一论断早在 1954 年就被打破了，当时，英国运动员罗杰·班尼斯特（Roger Bannister）以 3 分 59.4 秒跑完 1 英里，将不可能变成了可能。46 天后，约翰·兰迪（John Landy）打破了班尼斯特的纪录。如今，高中学生通常都能在 4 分钟内跑完 1 英里。

我们有些人还记得，在电子邮件、短信和传真机出现之前，蜗牛邮递是将信件和商务文件从一个人传给另一个人的最佳方式。我很难回忆起我们在全球定位系统（GPS）普及之前是怎么开车去陌生地方的（尤其是晚上）。就在不久前，我们的手掌上似乎还没有手机。

如今，我家里有一个会说话的机器人，名叫亚历克莎（Alexa），它为家人播放音乐、设置提醒、查找食谱、给孩子讲故事、开关灯、帮我上网购物，并做其他各种各样的事情。几年前，这些只有在科幻电影中才可能实现，而现在已成为我们的现实。假如在发现和发明这些进步的人中，哪怕有任何屈服于他的怀疑者"逻辑"，那么我们的世界将和今天的世界看起来大不相同。

谈到未来如何发展以及宇宙怎样运转时，我们尚不了解的很可能比我们已经了解的更多。因此，尽管对自己的无限潜力保持一定的怀疑态度也许是件好事，但是，保持乐观态度可能更好。

做得越多，你就会对自己越有信心

当我们面对如此众多的障碍时，怎样才能摆脱这种内心的冲突，在人生的各个领域走向无限的成功呢？许多人耗费数年时间进行心理治疗，花了不少钱请个人辅导，本想要寻找幸福，却四处碰壁。我并不是说心理治疗或个人辅导没有帮助，我对两者其实深信不疑。但我也相信，奇迹公式中的两个决定虽然简单，却能改变人生。你已经非常熟悉这两个决定了，它们是坚定不移的信念和非同常人的努力，只要按照这两个决定来生活，你一定可以得到自己想要的人生。还记得我们在第 1 章中讨论的正反馈循环吗？这就是它变得至关重要的地方。

当你赋予自己受启发的权利，确定了你应该得到所有你想要的，并且愿意为之付出努力，然后积极地相信自己无限的潜力而不是接受你的自我局限时，你就积聚起了改善你的人生所需的能量与动力。你这么做得越多，就会越真实地意识到这一点，这反过来将使你对自己更有信心。你知道你能够做任何事情，因为是你自己确定了自己能做什么和不能做什么，而不是由你的过去、你的父母以及整个社会来确定。只有你才有决定权。摆脱内心冲突的方法是在很长一段时间内做出并坚守这两个决定。

这个正反馈循环将自动地引领着你走上创造具体的、可衡量的奇迹的道路。我意识到这可能有点让人难以置信，只有这两个看似简单的决定才能让你摆脱你一生的内心冲突，这是你过去一直没有获得高水平成功的主要原因。尽管如此，我们确实还是需要这两个简单的决定。不要让你对机会的非理性恐惧阻碍你去亲身体验它。

既然你已经理解了人类内心冲突的 4 种基本表现形式，并且了解如何克服它们，我们就可以进入下一章，它将会确切地告诉你如何让自己进入最佳的情绪状态，使奇迹公式发挥作用。这里有一条提示：你得释放所有让你退缩的负面情绪。但正如你将要读到的那样，我保证你做到这些只需要 5 分钟。

第 4 章

THE
MIRACLE
EQUATION

接受现实是
打开情感无敌之门的钥匙

如何释放让你退缩的所有负面情绪?

不要评判或害怕那些痛苦的感觉，它们只是在提醒你，你的信念已经开始偏离自己真实的样子。

杰茜卡·奥特纳（Jessica Ortner），《轻疗愈 2：敲敲瘦》

你不讨厌那些忙乱的早晨吗？你出门太迟了，急匆匆把车开出车库不久，就发现高速公路上出了车祸，交通陷入瘫痪。你要到达自己的目的地，而在这个特别的早晨，最不需要的就是交通拥堵。当然还有更糟的情况，就是那个被卷入了事故的人，他可能也要迟到。你会想着可怜的人，他比我还惨。当然，你会用一毫秒的时间希望他们没事，但你的注意力很快就回到自己身上，回到你自己没完没了担心的问题上。

或者，当你指望一笔大生意能够成交时，又会怎样呢？你已经研究了好几个月，这笔生意将为你的公司带来很多利润，提升你公司在业内的声誉。你做了周密的计划，所有细节都在这个过程中准备就绪了，现在只需签署协议。但是，协议并没有在你的联系人承诺的那天如期签署。你去查看究竟是什么情况时，收到一封可怕的电子邮件，原来对方反悔了。不！！！你把这封电子邮件反反复复读了三遍后，关上办公室的门，一整天都在为失去了到手的这笔生意闷闷不乐。

或者，比如你买了两张音乐会的门票，打算和你的另一半一同观看。这是你最喜欢的乐队的演唱会，几个月来你们一直期待着这个夜晚的到来。你提前为你们俩预定了晚餐，甚至为这个特别的夜晚买了一套新衣服。没有人比你的伴侣更愿意与你分享这段经历，也没有什么能阻止你们去听音乐会。但一周前，你的另一半告诉你，他或她不得不去出差。接下来的几天，只要有人愿意听，你都在向他们抱怨你的失望。

生活有时真的很糟糕。生活中有太多东西我们无法掌控，没有人喜欢这种失控的感觉。但是，隧道的尽头总有一丝曙光，因为我们拥有一种被经验证实了的方法，它可以帮你在 5 分钟或更短时间内消除所有负面情绪。让我们暂时退后一步，在感受负面情绪与创造具体的、可衡量的奇迹之间建立联系。

正如我们讨论的那样，奇迹的产生源于可能性，也就是说，任何事情对你来说都是可能的，你值得最终取得你愿意为之努力的所有成功。

然而，当你的情绪并非处于最佳状态时，无论你正经历着压力、恐惧、担心、懊悔、怨恨还是任何其他不愉快的情绪，你都不会考虑什么是可能的。你不会去微调你的计划或者对创造性的解决方案进行头脑风暴，以解决你的问题。你不是浑身充满正能量。哦，不，你总是沉浸在负面情绪中，可以说在舔着自己的伤口。与此同时，各种可能性正在离你而去，因为你的大脑中除了那些负面情绪之外，再也没有任何空间来容纳其他了。

你有没有想过，你感受到的所有负面情绪，根本原因是什么？我说的是每一种负面情绪——愤怒、暴怒、沮丧、悲伤、忧愁、恐惧、失望、厌倦、憎恨、烦恼、尴尬、内疚、担心——只要是你能想到的。如果你仔细想想，每次感受到负面情绪时，你也许会想到一个完全不同的原因。

我们总是因为我们的感觉而责怪某些人或事。我因为某个人说的话而生气，由于某件事情而心烦，因为失去了什么（或者什么人）而伤心，由于自己有太多事情要做而压力重重，或者因为事情可能不像我计划的那样发展而担心。我们错误地以为，我们情感痛苦的原因是环境、状况和人们没有达到我们的期望。但事实远非如此。

我们感到痛苦或者感觉不好的时候，其实与我们周围发生的事情和我们内心发生的事情关系都不大。读完这一章后，你再也不会感觉不好了。你即将学到的东西既挑战人类天性，也挑战我们一直以来认为会导致我们产生负面情绪的想法。但它正是打开情感无敌之门的钥匙。在情感上变得无敌，变得不可战胜，意味着你要控制自己的情绪，再也不会感到情感上的痛苦，当然，除非你想要这样（你很快就会发现，实际上有些时候你可能想要这样）。

每一种情绪都是自己创造的

我知道这听起来很刺耳，但必须说出来：你感受到的每一种痛苦情绪，无论是曾经、现在感受到的还是将来会感受到的，都是你自己创造的，是完全可选的。我说的是每一种能让你陷入某种程度的内心挣扎的痛苦或不愉快的情绪。

如果我还告诉你，你能够释放你过去和现在的所有情感痛苦，并停止在未来制造它呢？换句话说，你有能力停止自我制造负面情绪，从今天开始，直到你的余生，远离情绪上的痛苦。这就是在情感上变得不可战胜的意义。让我和大家分享一个故事，从中我意识到，不管我们的外部环境有多么艰难，我们都可以选择完全摆脱负面情绪。

我 20 岁的时候，巨大的不幸闯入了我的世界。我在卡特扣公司的一次销售大会上发表完演讲，在开车回家的路上，我的车被一辆速度超过每小时 70 英里的醉酒司机驾驶的车迎面撞上，左侧则被另一辆以几乎同样速度行驶的车撞击。给我带来最大损伤的不是那位酒驾司机的车，而是撞在我驾驶座侧门上的那辆车。谢天谢地，没有其他人受伤，而我自己却没那么幸运了。

第二辆车的撞击将车门撞向我的身体左侧，致使我的 11 根骨头瞬间断裂，包括股骨、眼窝和骨盆骨折。车祸发生 50 分钟后，我终于被消防员从我的福特野马车里救了出来，当时我正处于生死边缘，很可能因失血而死。我的心脏停止跳动了 6 分钟。谢天谢地，我还是醒了过来，被空运到医院，在那里昏迷了 6 天。

当我终于从昏迷中醒来时，医生告诉我，我可能要在轮椅上度过余生。我简直不敢相信。这对任何年龄的人来说都很难接受，我才 20 岁，我有很长的路要走，我还有很多梦想待我去实现。

我深吸了一口气，放弃了最初的那种下意识的反应，重新思考医生刚刚告诉我的事情。那一刻，躺在医院病床上，我想起我既有责任也有机会选择我对这件事情的回应。我可以选择一种让我气馁和失去力量的回答，"这不公平""这不是我应得的""我讨厌这种事发生在我身上""我的生活被毁了"，诸如此类。或者，我也可以选择一种能够鼓励我、给我力量的回答，比如"我无法改变这件事""为我的处境难过，没有任何意义""我要感恩的东西太多了""我的人生我自己创造，不管它是什么样的"等。我可以选择拒绝承认现实，坚持我的负面想法和情绪，也可以选择无条件地接受现实，从情感痛苦中解脱出来。我选择了后者。

我决定无条件地接受这个新的现实：我经历了一场车祸，11 根骨头断了，还留下了永久性的脑损伤，医生们认为我再也不可能走路了。我是在 5 分钟之内接受这些的。

"5 分钟吗？我不敢相信！"你可能会这样想。或者你可能想知道我是怎么做到的？是这样的，在事故发生之前的一年半里，我一直在不知不觉中调整自己的思维。接受现实（与抗拒现实相反）成了我默认的情感。

5 分钟法则快速调整心态

我躺在病床上时，脑海里马上就呈现出杰西·莱文（Jesse Levine）在最初的培训中教给我的东西。杰西是我在卡特扣公司的第一位经理，一位真正的奇迹专家。杰西教给我的东西就是所谓"5 分钟法则"，它的基本意思是"当事情没有按计划进行时，你可以痛苦，但不要超过 5 分钟"。杰西教我们在遇到任何挫败、失望或其他不想要的结果时，在手机上设置一个 5 分钟的计时器，给自己 5 分钟的时间来感受沮丧，体验悲伤。

我们可以发牢骚、呻吟、哭泣、抱怨、发泄、捶墙——在 5 分钟内做任何我们想做的事情。这 5 分钟给了我们感受情绪的空间，但时间限制使我们无法在任何特定的逆境中停留很长一段时间，这种停留既是不必要的，也是不健康的。限制让自己感受沮丧的时间长度，可以使我们避开情绪黑洞。在这样的黑洞中，大多数人往往会继续体验负面情绪。

杰西教我们，当计时器响起时，大声说出"无法改变"这句话，亲口承认如果我们无法改变某件事，抗拒它（也就是说，在它身上投入你的情感，并希望它有所不同）不仅毫无意义，而且令人痛苦。这种抗拒制造了内心的情感痛苦，却无法改变你认为造成了你的痛苦的事件。

我记得我在第一次学习 5 分钟法则时，心里想着，嗯……5 分钟吗？当问题出现时，我需要比 5 分钟更长的时间来感受沮丧！接下来，我开始应用这个法则。我的一位客户打电话取消了订单，一挂断电话，我立即按下手机上的 5 分钟计时器。我来回踱步，不停诅咒，被我的负面思想和情绪消耗着。无论发生什么事，我都抗拒，希望它不要发生。5 分钟后，计时器就响了起来。你知道吗？正如我预料的那样，我还是十分沮丧！我在脑子里大喊："5 分钟不够！"但仍然坚持了下来。令人惊讶的是，短短几周之内，一切就都变了。

后来有一次，我仍然在手机上设置计时器，之后开始踱步和咒骂，然后拿起手机看看，发现我还有 4 分 17 秒的时间用来心烦意乱。不过，这次我有了新的认识，我可以选择是继续抗拒现实，还是完全接受过去和无法控制的事情。我开始选择接受。我想，为什么要在接下来的 4 分多钟里心烦意乱呢？我完全可以用这些时间来做一些积极主动的事情，从而推动自己继续前进。可以说，这个时候我已经开始进入情感无敌的状态，而且能够更快地选择无条件接受现实。

5 分钟法则之所以如此有效，是因为它清楚地告诉了我们关于情感痛苦的经验教训：导致我们情感痛苦的不是经历、环境或事件，而是我们不愿接受生活现状并继续前进的态度。当我们坚持自己的立场并且大喊"这不可能发生"时，心中充斥着痛苦和无益的情绪。这适用于任何时间范围，不论事情发生在 5 分钟、5 个月还是 50 年前。只要你拒绝承认现实并且指望它与摆在你眼前的事实不同，就会继续制造和延续情感上的痛苦。在你接受现实的那一刻，你就自由了。

于是，在病床上，我花了 5 分钟怀疑我面临的新现实，然后提醒自己，我无法改变这一现实，所以抗拒毫无意义，也毫无价值。我有意识地选择完全接受它。是的，我在 5 分钟内就接受了。现在，如果你认为这说起来容易做起来难，事实也的确如此。对我们来讲，新的事情确实说起来容易，做起来难。记住，在我发生事故之前，我已经练习使用 5 分钟法则一年半了，正因为如此，我才能够这么迅速地运用它。即使我花了 5 小时或 5 天时间去接受我的处境，也比指望事情没有发生并让它们消极地影响我的余生要好得多。

接下来的几天，我躺在病床上，思考着我必须面对的新现实。

我想过在轮椅上的生活，想过自己怎样上车下车，想过如何完成我的工作，想过怎么赴约。想了很多。我总是得出同样的结论：我有太多东西要感恩，我的生活可以由我选择。

回归平和：接受现实才能改变现实

现在让我们搞清楚一件事。我不喜欢在轮椅上度过余下的一生；但我平静地接受这个很可能会发生的事实。这是一个巨大的反差。

许多哲学认为快乐是我们的最终目标。快乐没有错，我喜欢快乐。然而，快乐是一种情绪，而情绪是短暂的。你有没有这样的经历：你曾经很快乐，但突然一次不愉快的谈话，就改变了你的快乐？你可能前一分钟很快乐，下一分钟就很沮丧。所以，也许快乐并不像我们所想的那样，是终极目标。

当不受欢迎的事情发生时，接受它并不意味着你会为此感到快乐。就我个人而言，我经历了一场车祸，当医生告诉我再也不能走路了，我对此并不感到快乐。后来，当医生诊断我罹患癌症并且给予我异常糟糕的预后时，我并不高兴。当我赶着去开会，在一个接一个的路口都遇到堵车时，这也不会让我开心。值得庆幸的是，接受现实，为我们做了一些比仅仅感到快乐强大得多的事情。

我们可以把情绪分为两种，充满正能量的和充满负能量的。充满正能量的情绪，比如幸福、快乐、兴奋、感激、爱等，会在我们体内产生令人愉快的能量，使我们感觉良好。充满负能量的情绪，比如恐惧、愤怒、嫉妒、懊悔和怨恨等，会在我们体内产生令人不愉快的能量，使我们感觉糟糕。在充满正能量的情绪与充满负能量的情绪之间的空间，则是内心的平和，这就是我们追求的。内心的平和不是一种情绪，而是一种存在状态。它既没有充满正能量，也没有充满负能量，它是中性的。

内心的平和是一种意识层次，或者更准确地讲，是一种有意的意识。它是一个空间，在这个空间里，我们可以选择任何时候想要体验的情绪。内心的平和为我们创造我们想要的任何东西留出了情感空间，也是创造奇迹的起点。这是一种坚定不移的存在状态，你可以随时通过接受现实这扇大门进入它。它只取决于我们是否愿意无条件地接受生活中所有无法改变、无法控制的局面和情况。

> 内心的平和为我们想要的任何东西留出了情感空间，也是创造奇迹的起点。
>
> ◀ ◀ ◀ THE MIRACLE EQUATION

换句话讲，接受现实是打开情感无敌之门的钥匙。接受我无法掌控的一切（包括车祸、骨折、脑损伤、住院、双腿无法行走，更不用说在我的脸、手臂、躯干和腿上留下永久的疤痕以及更多其他东西），给了我内心的平和，使我摆脱了任何自我制造的情感痛苦。通过接受现实，我释放了所有的压力和不必要的痛苦，创造了一个空间，把所有精力集中在我能控制的事情上，追求我能想象的最美好的生活，尽管还是会遇到新的意想不到的情况。

显然，至少在当时我的医生看来，大多数事故受害者不会像我听到自己的事故新闻那样对待车祸这个现实。大部分人会不自觉地抗拒接受他们的新现实，为他们失去的东西哀伤。他们对自己认为将要过的生活和自己认为应该过的生活感到恐惧，让负面情绪吞噬自己。这就是所谓的"正常"。

正如我们在第 3 章中了解的那样，我们的大脑天生就会感知并着重关注危险。每当发生超出了我们个人预期的事情时，我们就已经为这种负面的情绪状态做好了准备。如果任何人都有权利对某种情况自由地说"我将感受到负面情绪"，被一个醉酒的司机撞伤头部并被医生告知再也不能走路，肯定是最能被理解的情况之一。

尽管我已经将注意力转向了新的现实，但医生们仍然停留在为大多数其他病人处理创伤事件的范式上。从我出车祸之后也有人告诉我，在我出车祸大约三周后，也就是我从昏迷中醒来大约一周后，我的精神病学医生莱比大夫（Dr. Lebby）在医院里跟我父母打招呼，示意他们到他的办公室来。

我父母坐下时，莱比大夫说："马克（Mark）和朱莉（Julie），我们又见面了。谢谢你们今天能来。我只是想告诉你们有关哈尔身体上、精神上和情感上的近况。"他接着解释，我的身体状况很好。"我知道这几周对哈尔和你们来说都是难以想象的，但我相信他已经度过了最艰难的时刻，我觉得他没有理由不能健康而长久地活下去。"

我妈妈开始哭了。我爸爸眼里也噙满泪水，搂着我妈妈的肩膀，拥抱着她。

莱比大夫接着说："但是，我们确实有一个问题需要你们的帮助。在评估哈尔的精神和情绪状态时，我们认为哈尔处于一种否认现实的状态。"他继续向我父母解释，他相信我真的是这种情况，因为每次他本人或医院的任何工作人员与我交谈时，我总是表现得很开心、很乐观。我一有机会就讲笑话，逗他们笑。

"我与各类事故的受害者接触多年，"他继续说道，"尽管哈尔的行为不正常，但对于那些经历过这种创伤的人来讲，在应对新现实时遇到困难是相当普遍的。很可能哈尔是在压抑痛苦的情绪，如悲伤、恐惧、愤怒或抑郁。"他解释，我可能是为不想体验那些情绪而有意这么做的，或者也可能是完全无意的。他说："不管怎样，这些情绪最终会在某个时候浮出水面，他将不得不面对现实。我们宁愿让他在医院里这样做，因为在这里我们可以监控他，引导他平复痛苦的情绪，而不是让他自己压抑痛苦，将来这会导致抑郁甚至更糟的情况。"

我的父母一直以为我对待事故的态度是真正积极的。现在，他们发现我的这种积极可能是妄想。他们俩都在椅子上向前挪了挪。

"你指的'更糟的事'是什么？"我父亲问。

莱比大夫解释道："对于事故受害者来说，通过转向各种恶习来分散注意力或暂时缓解他们的情绪痛苦的情况，并不罕见。对毒品或酒精上瘾十分常见，另外，事故受害者的自杀率也明显更高。"他并没有说我肯定会走这条路，但他认为，我父母最好认真考虑一下我当时的真实感受，这样的话，在我离开医院之前，医生们可以指导我调节我的情绪。

"那我们能做些什么来让哈尔公开表露出你认为他正在压抑的这些情绪呢？"我母亲问。

　　莱比医生说，他想让我的父母和我谈一谈，了解我的真实感受。他想让他们向我保证，感到悲伤、恐惧、愤怒甚至抑郁，都是正常的。他一定要让我知道，在医院里表达这些情绪是安全的。

　　那天晚些时候，父亲走进我的病房。我坐在病床上，穿着超大号的病号服，盯着病房墙上那台 28 英寸 ① 电视，那天晚上正好我在看《奥普拉脱口秀》(*The Oprah Winfrey Show Oprah*)。我能看到父亲红扑扑的脸上露出勉强的笑容，红肿的眼睛里噙着泪水，我立刻感觉到有些事情不对劲。

　　"你好吗，哈尔？"他坐在我床边问道。

　　"我很好，爸爸。为什么这么问？有什么事吗？"我仔细端详着父亲的脸庞，想知道接下来会发生什么。

　　父亲解释说，他知道，当有人看望我时，我表现得还不错，但他想知道，我独自一人时，想着那次事故，想着发生在我身上的事，是什么感受。我伤心吗？害怕吗？生气吗？还是感到沮丧？

　　尽管父亲的问题让我大吃一惊，我还是边听边点了点头。父亲告诉我，医生对我感到担忧，与此同时，父亲说他理解我可能因为再也不能走路而感到害怕和万分沮丧，或者对那位酒驾司机感到愤怒。他说，我所体验到的任何感受都是完全正常的，他们都能理解。

　　我沉默了一会，认真思考了父亲的问题。我感到悲伤、害怕、生气或者沮丧吗？我是不是在否认并掩盖这些痛苦的情绪？医生们认为，对我这种情况的人来说，这些情绪是"正常的"。考虑到我从昏迷中醒来后已经挨过了 6 天，正在接受我的新现实，所以，我

---

① 1 英寸 =0.0254 米。

并没有花很长时间来清晰表达内心真正的感受。

我对父亲说:"爸爸,坦率地讲,我认为你应该更了解我一些。"

父亲抬了抬眉毛,没说什么。

我接着问:"你知道我提出过5分钟法则,对不对?"

父亲点点头,说道:"是的。我以前听你讲过这个法则。"

"嗯,现在都差不多两周了,早已超过5分钟。"

父亲笑了。我继续说道:"对于那些我无法改变的事情,我已经不再感到难过了,相反,我选择感恩。你给我看了我那辆变形的福特野马汽车的照片后,我很庆幸我居然还活着!我相信,每件事情的发生都是有原因的,但我也相信,我们有责任去确定这些原因是什么。所以,现在我要做的就是弄清楚我能从这次经历中学到什么,以及怎样用它来做一些积极的事情。"

> 在人生中最艰难时刻,我仍然要做到快乐和感恩。
>
> ◀ ◀ ◀ **THE MIRACLE EQUATION**

我向父亲保证,我没有陷入否认现实的状态。事实上恰恰相反:我不仅没有否认我的现实,而且完全接受了我的现实,包括过去、现在和将来的现实,所以,现实无法控制我的情绪状态。如果医生说我确实再也走不了路了,而且他的判断正确,那么我觉得自己不应该为此感到沮丧,而应该对生命中拥有的一切都心存感激。不管怎样,我都得坐轮椅。我告诉父亲:"我已经接受了这种可能性,并且决定如果我在轮椅上度过我的余生，我会是你见过的最快乐、最感恩的坐轮椅的人！"

我认为我还是有可能再次走路的，尽管可能性不大。请记住，我并没有抗拒医生告诉我的话，也没有否认。我只是认为医生们判断我不能再次走路了，因为可能性很小。我不知道我的目标是否会实现，也不知道它会如何实现，但我决心尽我所能去实现：使它从也许实现，发展到可能实现，最后发展到必然实现。

所以，我设想了自己走路的样子，还为此祈祷。我想了想，还与父亲聊了聊这件事。我坚守一条坚定不移的信念，认为再次走路是有可能的。我每天都去理疗。当我的理疗师说我们做完了这次理疗时，我请求（有时是坚持）多做一些。这是我付出的非同常人的努力。在车祸三周后，你可以说奇迹发生了。医生对我骨折了的腿骨和骨盆做了 X 射线检查，告诉我和我的父母，不知道是怎么回事，我的身体在车祸后仅仅三周就痊愈了，到那个时候，我都可以迈出第一步了。我创造了奇迹。

我相信这是因为我选择了完全接受自己无法改变的事情，接受我当时的处境，我才使自己从所有的情感痛苦中解脱出来，将精力集中在我想要的东西上。无条件地接受，造就了情感无敌，帮助我创造了再次走路的这个奇迹。

释放过去、现在，甚至未来的情感痛苦

在我发表一次演讲后，我指导过的或者和我交谈过的许多人都

从思想上理解了这个概念，但是很难真正理解它是否适合他们。对他们来讲，多年的情感痛苦已成为常态，他们想知道我是怎么接受自己当时正身处其中的可怕遭遇。他们和我说话的时候，总是不停地耸肩，表示不敢相信，而且他们的眼里也噙满泪水。我可以看出，无论面临什么样的挑战，他们确实都在苦苦挣扎。他们的痛苦已经深入内心。

我解释说，情感痛苦只有一个原因，可以用一个词来概括：抗拒。简单地讲，我们过去经历过的、现在正在经历的或者未来将要经历的所有情感上的痛苦，都是我们对现实的抗拒造成的。抗拒通常表现为希望和想要一些不可能改变的事情发生改变，可能是希望过去发生了或者没有发生某件事情，从而抗拒正在发生的事情，或者担心（另一种形式的抗拒）某件事情未来可能发生或者不会发生。我们对现实的抗拒程度，也就是我们希望或者想要一些自身无法控制的东西变得不同的程度，决定了我们体验的情感痛苦的程度。

想想吧，如果你在咖啡店排了很长的队伍，而你又要去别的地方，你可能会对柜台后面的服务员依旧不紧不慢产生某种抗拒，只是这种抗拒没那么强烈。你将体验到某种程度的负面情绪，它与你的抗拒程度相当，比如烦恼、不耐烦或沮丧。换成另一个例子，让我们假设你意外被老板炒了鱿鱼，这份工作原本为你和你的家人提供了经济保障，而你也还没有制订后备计划。此时你对现实的抗拒程度可能比你对排长队的抗拒程度要强烈得多。你可能感到愤怒、怨恨、绝望或对未知的恐惧。

不管产生的痛苦程度如何，在这两个例子中，我们都错误地以为，我们情感痛苦的原因是我们正在经历的事件。然而，事件绝不是原因，原因是我们对事件的反应或抗拒。一个简单的事实可以证明这一点：同样的悲剧可能发生在两个不同的人身上；其中一个人抗拒这一悲剧，认为这是发生在他身上的最糟糕的事情，并宣称这毁了他的人生；而另一个人决心接受它，确定自己可以从中学习，成长，变得比以前更好。同样的悲剧，两种不同的反应，产生了两种截然相反的情感体验。

绝不再体验不必要的情感痛苦的唯一方法是有意识地决定接受已经发生或者将要发生在你身上的一切。我甚至将这种方法应用到我自己的死亡中，你也可以这样做。和许多人一样，我曾经害怕死亡，但我后来意识到，害怕任何不可避免的事情，都是毫无意义的。可以说，生与死是同一枚硬币的两面。

通过接受你无法改变的所有事情（死亡绝对属于这一类），你就给了自己一份与生活和解的礼物，而不是给自己制造痛苦，并且给自己制造痛苦还只是因为你希望生活中不可改变的事情（无论是你的过去、现在还是未来）都变得有所不同。记住，虽然你不必对你无法改变的事情感到高兴，但你可以接受他们，与之和平相处，终生地消除不必要的情感痛苦。

🕊 **创造人生奇迹**

接受父亲离世的既定事实，
10 年来第一次没有抑郁之感

在刚刚步入演讲生涯时，我主要在大学校园里演讲。在加拿大多伦多演讲两周后，我收到了一封电子邮件，是曾经听过我演讲的 27 岁的德文·泰勒（Devon Taylor）写来的。电子邮件的附件是一张她的手腕的照片，照片上是只有三个英文单词的文身，那三个单词是我在演讲中教过他们的：无法改变既定事实（can't change it）。我一边读她的电子邮件，一边流泪，进一步意识到接受的普遍力量。

德文说，她在自己父亲去世 10 周年纪念日给自己文了这个文身。她对我说，在她父亲去世后的头 10 年里，她一直非常抑郁，时而接受治疗，时而又放弃治疗，并且服用抗抑郁药。她始终给人们这样一种印象：因为父亲的去世而感到抑郁，而且，她生活中与她朝夕相处的每个人都会强化这种信念。类似于"你真可怜，我无法想象你的感受"这样的感觉会让她相信，即使在父亲去世多年后，她也应该抱有这种抑郁的感觉。

德文在电子邮件中继续解释，当她听到我谈论接受、5分钟法则和"无法改变既定事实"这一口诀时，她开始想到她抑郁的原因也许并不是她父亲的去世，相反，也许是她一直抗拒父亲已经离开的现实。从来没有人告诉过她，她可以有意识地选择接受父亲已经去世的事实，不再抗拒现实，不再希望这件事没有发生，从而让自己平静下来。

德文坦承，在听了我的演讲后的两周时间里，是近 10 年来第一次没有感到抑郁的一段时间。如今，每当她开始感到那些熟悉的痛苦情绪在支配着她时，她就停下来，深吸一口气，说出"无法改变既定事实"这几个词，然后选择平和。

她决定文一个"无法改变既定事实"的文身，以此永久地提醒自己，不再让自己对父亲的记忆带来痛苦。相反，她有意识地选择用一种深深的感恩之情来代替情感上的痛苦，因为父亲曾经陪伴她度过了许多时光。

不要期望明天的生活完美，看看今天你的完美生活

你不能一下子就准确判断某次经历是"好的"还是"坏的"。我们的抗拒始于我们对经历的"好"或"坏"的解释，我们抗拒我们认为是坏的经历。然而，当某种经历正在发生或刚刚发生不久时，我们通常不可能判断它是好的还是坏的。我们最大的不幸往往会成为自己最伟大的老师，成为最有益于自己成长的事情。就我个人而言，我始终认为那起车祸是发生在我身上的最好的事情之一，因为它让我变得更加强大，是我成为一名作家和演说家的"催化剂"。恰好就在我被诊断出癌症的那一天，我对妻子厄休拉说："这将是我有生以来遇到的最好的事情。"

我们常常需要时间的流逝，加上反思和后见之明才能明白我们遇到的各种挑战的价值。例如，你可能结束了一段失败的感情，感觉身心交瘁，经历了数周、数月甚至数年的痛苦，最后发现自己终于找到了生命中的真爱，于是对前一段感情的结束心存感恩，因为这让你找到了更好的伴侣。人们常说，事后诸葛亮。确实如此。但是，为什么要现在受苦，而等到将来的某个时候才从现在的逆境中学习和成长呢？无条件的接受会给你空间和自由，让你几乎马上或者至

少在 5 分钟内就平静地面对挑战。

不存在问题。根本不存在什么问题。"问题"这个词是一种针对某种情况的标签。只有当我们选择以消极的方式看待事情时，才会出现问题。我们可以选择将任何特定情况标记为问题、机会、"待定"，或者是我们选择的任何其他标记。我们给自己面临的每一种情况贴上了什么样的标签，都会创造我们对它的感知和体验。想给自己制造压力并且让生活变得更加艰难吗？那就把所有你不期望的情况都标记为问题，并将它们堆积在你现有的问题之上。这会使你忙于应对这些问题，无暇创造 10 级人生。

你不能准确判断情绪是"好"还是"坏"。情绪是不可避免的。我们是人，人是情感动物。如果有人错怪了你，你可能会感到委屈、失望或挫败。如果你失去了自己爱的人，你自然会深感悲伤、绝望或者一种无处不在的失落感。所有这些情绪都是自然的。我们的目标不是消除负面情绪，而是改变你与它们的关系。

我们最初的情绪并不是问题；而我们在最初的情绪冒出之后如何对待它们却很重要。它有可能成就我们，也有可能毁掉我们。如果你经历了一些让你产生负面情绪的事情，但很快就接受了它，并且平静地面对它，继续你的生活，那就很好了。问题在于我们对那种情绪的判断及持续不断的抗拒。虽然我们对现实的最初抗拒触发了情感上的痛苦，但正是我们对这种情绪的判断是"错误的"，随后的抗拒才让我们陷入负面情绪之中，并且使我们的痛苦延续下去。我们总是在判断和抗拒之间来回切换。这从情绪上伤害了我们。

当我们判断自己的情绪是"坏的"或者"错误的"时，便放大了这种情绪对我们的影响。你是否有过这样的经历：一觉醒来，感到莫名悲伤，然后听到内心的声音告诉你自己："为什么我会有这种感觉？一定是出什么事了。"最后，还没等你意识到情况不对，你的情绪在那悲伤的一刻就已几近崩溃："也许我抑郁了！！！"我们越是重点关注某种感觉，然后以此来评判自己，我们的感觉就越糟糕。

我们绝不能将负面情绪视为敌人。事实上，所有的情感都有价值。如果你因失去了对你来说重要的物品或爱人而感到心痛和悲伤，这不仅是自然的，也是健康的。有时我们需要去感受我们所做的选择带来的痛苦，以便将来不会再做那样的选择。这里的区别在于你要掌控你的情绪状态，而不是让你无法控制的环境和事件来支配你的情绪。

不要期望明天的生活完美，看看今天你的完美生活。我们做的另一件事是追求完美（内疚），然后用我们认为的现实应该是什么样子来衡量我们的现实。这也是另一种形式的抗拒。你聚焦于自己缺少什么，依照你感知的完美现实来抗拒你当前的现实，从而制造了情感上的痛苦。你可以十分容易地选择透过这样的滤镜来看待你的人生："我现在的人生就是完美的。"

当我罹患癌症，处在人生最艰难的一年时，我最喜欢的口诀之一就是"我的人生总是完美的"。我总在我需要的地方，学习那些能让我为自己的人生创造我想要的一切的经验教训。我无法改变癌症的诊断，所以选择接受它，与之和平共处，并做出一个清醒的决定：在人生中这一最艰难时刻，我仍然要做到快乐和感恩。我选择将我的诊断结果及其必然带来的经验教训看作是完美生活的一部分。你可以在充满挑战的环境中也同样这么做。

给自己一份与生活和解的礼物

当人们听到我讲述车祸的故事以及我如何在病床上完全接受我的悲惨处境时，他们通常会深感怀疑或者无比惊讶，因为我对那位酒驾司机一点也不生气。有人问："他那样对你，你怎么能不恨他呢？"有时他们甚至生我的气，认为我不应该这样。但我真的不恨他。事实上，我对他绝对没有负面的感觉。从事故发生到现在，如果说我对他有任何感情的话，那就是同情。

你瞧，我从来没有经历过他的生活。假如我处在他的位置，我也许会做出同样的选择，在那个晚上醉酒之后驾车。我们很容易根据我们自身的生活经历和我们自己是什么样的人来判断别人。想一想你曾经对某人做出过评判或者感到过不满的情景，不论是现在还是过去。考虑一下：假如你经历过他的生活，生下来就长着他的大脑，由他的父母抚养长大，并且受到他朋友的影响，你也很可能会像他那样思考和行动。从这个角度来看，我们可以选择用同理心代替我们的评判，进而无条件地爱所有人。我们可以接受他们本来的样子，同时为他们保留空间，让他们成为最好的自己。

另一个常见问题是"你怎么知道你能改变什么，不能改变什么？"对这个问题，简单的答案是你无法改变任何已经发生的事情，现在只能改变自己的行为，使得未来的情况有所不同。你过去和现在的情况都是固定的。这一刻，只有你的未来才是可以塑造的。

假如地下室已经被洪水淹没了，你不可能使已经发生的洪水不发生。假如你的车发生了小事故，撞歪了保险杠，你不可能使时间回到事故发生以前。另外，你不可能收回你或者别人已经说过的话。一旦发生了，它就发生了，你不能回到过去改变它。除非你驾驶着穿越时光的德罗宁（DeLorean）汽车，你才能改变过去的事情。

当你无条件地接受过去时，你就会把怨恨、遗憾、愤怒、内疚以及其他任何因为你对现实的抗拒而造成的负面情绪都抛诸脑后。当你接受每一件将来会发生在你身上的未知事件时（也就是说，在它发生之前接受它），你就释放了你所有的恐惧、焦虑、担心以及其他完全不必要的情感痛苦。

要使自己内心平和并且在情感上变得无敌，你必须放下对已经发生或者将要发生的事情的所有抗拒，无论当时多么痛苦或者未来可能发生的事情多么可怕。你要通过无条件地接受你的现实来做到这一点。这里介绍三个技巧，你可以运用它们来接受所有你无法控制的事情，给自己一份情感无敌的礼物。

1. 5 分钟法则：我在这个过程中的第一步是应用这一法则。设置好计时器，给自己 5 分钟时间来充分感受情绪。踢脚、尖叫、哭泣、抱怨——不论做什么，只要能够用来发泄这些情绪，都可以。一旦时间到了，说出三个非常有力的词来接受这一情况……

2. "无法改变既定事实"的口诀：提醒自己，你无法改变已经发生的事情——无论是 5 分钟前、5 个月前还是 50 年前发生的事情。因此，希望自己可以改变这些事情是没有意义的。你无法挽回过去，也无法改变现在和未来。要明白，如果你不能改变，继续抗拒只会产生更多不必要的情感痛苦。你有能力停止这种痛苦，或者从一开始就决不体验这种痛苦。要知道，为了打破你的情绪模式，你也许不得不在开始时重复这两个步骤几次。

3. **接受你的生活**：这是接受现实的演变，一旦你练习 5 分钟法则并且念叨"无法改变既定事实"的口诀一段时间后，你会更容易接受。既然你已经意识到所有的情感痛苦都是由自己造成的，而且也是完全可以选择的，就可以通过有意识地决定自己再也不会抗拒任何无法改变的事情来防止未来的情感痛苦。你没有必要在忍受一段时间的情感痛苦后，才在回首往事时意识到原本不必如此。不要等到事后才明白。接受你的生活吧，这样的话，你的人生将永远处于平和状态，并且以各种方式处于这种状态。

在下一章中，我们将探索一个全新的设定目标的范式，以及如何用它来消除你对失败的恐惧。但在我们继续之前，希望你能抱着情感无敌的观念静静地坐几分钟。是什么导致你情感上的痛苦？接受已经发生的或者将要发生在你身上的一切，将怎样改变你的人生？如果没有压力、愤怒、悲伤和其他长时间的负面情绪，你认为你会有多少能量？

让我们付诸行动，在你的人生中检验这个想法。想想这个问题：你的轮椅是什么？在你的人生或你的过去经历中，什么情况是不可改变的，但你却抗拒它，从而制造了不必要的情感痛苦？

现在，深吸一口气，有意识地选择无条件地接受现实，与之和平共处，给自己一份情感上所向无敌的礼物。

第 5 章

THE
MIRACLE
EQUATION

如何创造梦想的生活，
同时热爱当下的生活

消除失败可能性的全新思维模式

> 设定目标的主要原因是它让你做些什么来完成它，这比最终实现目标更有价值。
>
> 吉姆·罗恩（Jim Rohn），商业哲学家

我们都有梦想，也都对我们的人生是什么样子抱有一些宏伟愿景。一想到这些愿景，我们都感觉很好。我们设想什么是可能的，有时甚至冒险制定一些目标或行动计划，以推动自己朝着实现这些愿景的方向前进。然而，真正为自己设定有意义的目标的人很少，真正实现目标的人更少。想一想那些还没过完一月份就被人们束之高阁的新年计划吧。

可悲的事实是，大多数人的现实生活，从来没有与这种宏伟愿景匹配过。赚 100 万美元的梦想从未实现过，梦中情人从来没有走进过我们的家门，梦想的工作永远不会从天而降。因此，我们总是希望得到那些我们认为遥不可及的东西。随着时间的流逝，也随着我们慢慢变老，这种感觉越来越糟糕。

好消息是我们一定有一种更好的方法。

如果你以一种不会失败的范式来运作，会怎样？如果你知道自

己尝试着追求的每个目标都会实现，又会怎样？

这种范式会改变你实现目标的方式吗？你会瞄准更高的目标吗？承担更大的风险吗？感觉更有动力吗？

依我看，我们当前离目标似乎还有一些距离。我们接近目标的方式，会将我们自己引向两种可能性中的一种：要么达到了预期的目标并取得成功，这通常让我们感觉良好；要么没能达到预期的目标而失败，这通常让我们感觉糟糕。

当我们说了和做了所有事情后，即使我们设定了所有目标并且确定了我们需要（希望）实现预期目标的每一小步，然后始终遵循这些步骤直到最后，我们仍然只有 50% 左右的机会成功（或失败）。这对我来说没什么动力。

这听起来有点让人泄气，听上去像是一种会引导你朝着这样的方向前进的范式：要么将目标定得小一点，确保实现目标；要么干脆不去尝试，这样的话，可怕的失败就不可能发生。在没有任何保证的情况下投入所有时间和精力，给人的感觉好像是在浪费你的时间，对不对？当我们的目标开始让人觉得不太可能实现，或者看起来工作量太大，或者需要的时间太长时，我们就更容易缩回自己的舒适区。

我看到这种范式限制了太多的人。在我理解"要么成功，要么失败"的范式之前，我也曾为接受这种狭隘的目标观而感到内疚。那时我还没有意识到这一点，但为了避免失败，我一直把目标设得很低——直到我意识到，我和这个星球上的其他人一样，值得、理应并且有能力争取我想要的任何东西。

你也一样。但是，假如我们要在世界上留下自己的印记，就必须以不同的方式思考目标。多亏了我的一位导师，我真的找到了我一直在寻找的东西：一种实现目标的全新方式，也是一种消除了失败可能性的方式。

本章的其余部分将使你轻松地以全新的视角看待你的目标，当你用全新视角看待目标时，成功将是必然的。我将首先重新定义目标的真正意义，以便你从更深的角度来思考什么是可能的，同时消除你必须克服的对失败的恐惧。

设定目标的真正意义

人人都想实现自己的目标和梦想，这也许正是你读这本书的原因。我们也知道，寻找通往成功的捷径是我们的天性。容易采摘的果实不一定最令人兴奋，却是我们大多数人追求的。在我们为某个目标付出很大努力之前，我们需要某种成功的保证。如果你是一位乐观主义者，你可能会遵循乐观主义者的信条"一切皆有可能"。不过，我们很少去追求那些可能性小的事情，而是把精力集中在我们认为可能性大的事情上。

想想看：你上次追求某个你不相信自己有可能实现的目标，是什么时候？你可能认为这是浪费时间，不值得在这上面花费精力，也不值得为失败和可能的尴尬做准备。

我的意思是，谁会去追求那些他们认为无法实现的目标呢？这似乎毫无意义，对吧？好的，如果你认为设定目标的最高价值就是达到目标，那么，尽一切可能去追求那些唾手可得的目标，也没关系。但是，达到目标、取得具体的成果，既不是当初设定目标的最终目的，也不是设定目标的最大好处。它不是最高的价值。事实上，在这个新的范式中，你是否达到某个目标，与你的目标最终的真正意义无关。

继续看下去吧。

你设定的每一个目标，真正目的是使你自己成为那种能够不断设定并实现重要目标的人。换句话说，设定目标的意义是培养成功者的品质与性格特征。你会在这个过程中变成什么样的人，将使你余生受用，并且胜过任何短暂的成就。最后，你希望利用你的每一个目标来培养奇迹专家的心态与行为。你一遍又一遍地将奇迹公式应用到每个目标之上，从而使你的长期成功成为必然。每个目标都是一次机会，让你提升自己并测试什么是真正可能的。我们做得越多，就会做得越好。

我要重申我在第 2 章中提到过的，即我的导师卡西塔对我讲过的关于目标的一番话，也是卡西塔的一位导师罗恩传授给他的经验。大意是设定目标的意义不是达到目标，设定目标的真正目的是把自己培养成能够实现目标的人，不管你是否达到了某个特定的目标。有些目标你会达到，有些则达不到。

不论结果如何，只要你在最后一刻之前全力以赴，你就能变成一个对目标孜孜以求的人，这将有助于你培养一种思维和行为模式，帮助自己在余生中实现越来越大的目标。

❤ 创造人生奇迹

为更大的目标全力以赴

你可能熟悉刘易斯·豪斯。几年前，我在《实现你的目标》（*Achieve Your Goals*）播客上采访过他，《早起的奇迹》纪录片还专门介绍过他。他有一个引人入胜的故事。他是阐明目标设置的真正意图的一个最好例子。

豪斯年轻时的主要目标是成为一名职业运动员，他也的确实现了这个目标。不过，他在运动中受伤了。受伤之前，他参加了一个赛季的室内橄榄球联赛。受伤之后，他不仅事业戛然而止，生活也大受影响。豪斯没有后备计划，身无分文，生活艰难。他从未考虑过其他任何目标，不知道自己接下来的一生想做什么。不过他知道自己必须想办法，于是开始接触一群有影响力的人，采访他们，向他们学习。一位导师让他去领英网站（LinkedIn）看看，那时候领英还是个比较新鲜的东西。他每天花数小时研究这个网站，最后在这个网站上建立了足够多的个人资料，于是渐渐开始有客户来请他帮忙了。他只是凭借自己的激情与好奇心，希望全世界的人们都意识到他在做一些特别的贡献。这种热情和好奇心最终使他获得了令人瞩目的成就。

时间快进几年，豪斯如今已经是世界上最著名的播客主持人之一。他主持的播客节目《伟大学院》（*The School of Greatness*）网站排名前 100，拥有超过 4 000 万的下载量。他是《纽约时报》畅销书的作者，并被美国白宫和前总统奥

巴马评为美国 30 岁以下 100 位最优秀的企业家之一。他在
媒体上的露面同样令人印象深刻：参加过《艾伦秀》和《今
日秀》，还曾在《福布斯》《公司》和《纽约时报》等报刊上
发表过文章。

今天，豪斯的使命是在全球分享"伟大"，并赋予人们
改变生活的力量；帮助别人发掘自己的天赋，为世界贡献独
特的才能。他在追逐当一名职业运动员的目标的道路上形成
的思维模式和职业道德，是他实现更大目标的关键，这远远
超出了他对自己的想象。豪斯没有过上他以前想要的生活。
他年轻时的目标真的不是他的目标。尽管如此，他一路上学
到的经验教训，使得他成为一名奇迹专家。现在，他的奇迹
是帮助别人创造他们自己的奇迹。

无惧失败，就是成功的原因

一旦你理解并接受了目标的真正目的，你就会意识到失败并没
什么可怕的，因为你不可能失败。你要成为什么样的人，总是比你
正在做些什么更重要，然而，具有讽刺意味的是，正是你正在做的
事情，决定了你想成为什么样的人。只要你保持坚定不移的信念，
为自己设定的每个目标都付出非同常人的努力，不管结果如何，你
都将不断地学习、成长，变得比以前更有能力。你未来的目标，包
括那些你甚至还没有想过的目标，都将让你获得回报。

我还想指出，当你在达成目标的路上遇到障碍时，理解并接受

目标的真正目的，还是无法让你摆脱困境。我并不是说，假如你认为实现目标的可能性不大，你就可以放弃对目标的追求。还记得我在第 2 章中讲述的业务推进期的故事是怎样结束的吗？直到最后一刻，我才完成了销售目标。我的大多数同事都运用了奇迹公式。他们的奇迹在上周……在最后一天……甚至在最后一小时，也都变成现实了。我不确定为什么这样，但似乎大家最后都实现了目标，无一例外。

我一次又一次地看到或感受到，宇宙似乎在不断考验我们，看我们对实现目标到底有多么投入。当大多数人在追求目标的道路上放弃时，只有那些致力于保持坚定信念和付出非凡努力，在最后一刻到来之前绝不放弃的人，才能看到他们的奇迹变成现实。那些最后的时刻至关重要，因为那些时刻将我们带到了我们可以在人生中创造的另一个层次。

你在追求目标时全力以赴并坚持到最后一刻，却没有达到目标，与你发现事情并不像你计划中的那样发展而放弃对目标的追求，两者之间有着极大的区别。其原因在于，现实世界中没有哪个人能够达到他的所有目标，即使是奇迹专家也做不到。

我儿子的卧室里挂着一张海报，上面写着乔丹的名言："在我的职业生涯中，我有 9 000 次投篮不中，输掉了差不多 300 场比赛，曾经 26 次受到全队的信任去投制胜球但没有投进。在我的一生中，我一次又一次地失败了。而这就是我成功的原因。"

失败是学习过程的基础部分，是我们成长的方式。当你以这种心态对待目标时，即使没有达到预期目标,也绝不会达不到最高目标。

如果你保持坚定不移的信念、付出非同常人的努力，却没有达到你的目标，你仍然培养了奇迹专家的品质与性格特征，比如信仰、自律、职业道德、坚忍等，这将使你不断地实现目标，继续前进。

从依恋短期结果到追求长远目标

通常情况下，我喜欢用现实生活中的例子和故事来阐述经验教训，这一次，我认为下面这个假设的场景将最好地说明这种新范式到底是怎么回事。让我们从约翰和玛丽这两位同事开始。他们都是四十出头，中等收入，在中型企业工作。两人都梦想成为百万富翁。

一个阳光明媚的下午，约翰路过当地一家便利店时，买了一张乐透彩票，顺便买了一些零食。结果，幸运之神在这个下午眷顾了约翰，因为他的彩票中了百万美元的大奖，使他一下子从一名易怒的办公室职员变成了一位生活悠闲的百万富翁。第二天早上，他辞掉工作，买了一所大得多的房子，并且打算到欧洲进行为期 6 个月的豪华度假。约翰的生活看起来很不错。

玛丽则受够了多年来的事业停滞（也没有中奖彩票），决心利用自己的经验创办一家咨询公司。她全身心地投入到创业中，放弃了丰厚的 401（k）计划 ①。但是，她创办的咨询公司也和大多数企业一样，在一年之内就倒闭了。玛丽暂时停下创业的脚步，想知道她

---

① 美国的一种由雇员、雇主共同缴费建立起来的完全基金式的养老保险制度，适用于营利性私营企业。

是应该再试一次，还是仍然从事她讨厌却至少能提供稳定薪水的办公室工作。

同样在那一年，约翰休完长假回来了，独自一人搬进公寓。他买了几辆新车，大多数时候白天看电视，晚上就在餐馆和酒吧里度过。很多时候他都觉得无聊，但还是希望再买一样东西或者再出去玩一晚上，这样能让他感觉好一点。

玛丽经过仔细考虑，决定不再从事自己讨厌的工作，而是运用坚定不移的信念，开始新的创业。她利用从第一次失败的尝试中学到的教训以及从市场上吸引到的一些潜在客户资源，慢慢地让公司开始赢利了。这花了将近十年时间，但她最终在银行账户上累积了一百万美元。随着时间的推移，她的生意越做越大，赚到的钱也越来越多。不管她一路上看到的是什么结果，她也从未放弃。玛丽成为一位奇迹专家。

不幸的是，那10年的时光对约翰来说并不那么美好。他挥霍无度，结果上了破产法庭。当然，约翰获得一百万美元比玛丽快得多，也容易得多，但他不知道怎样才能保住这笔钱。他不尊重自己赢来的钱，也没有培养出能让自己的财富增值或至少保值的品质与性格特征。

虽然这两个人都是虚构的人物，但这些情况一直都在发生，只是通常概率较小罢了。我们大多数人没有耐心，希望立即获得结果。但是，要想收获并保持有价值的成果，"立即"对自我发展来讲并不是一个很好的时间框架。你根本没有足够时间来培养自己取得成功的必需品质与性格特征，更别说保持成功了。这正是为什么很多人的成功来去都很快，从彩票中奖者到一夜成名者，无一不是如此。

升级思维模式，才能创造更大的可能性

作为人类，无论是从整个物种的角度来看还是从个人的角度来看，我们不断拓展可能性的能力是相当了不起的。很多时候，曾经看起来像是幻想的东西最终变成现实，这导致了我们身份的扩展，为我们的未来创造了更大的可能性。

你还是个婴儿的时候，不可能走路，但你最终还是迈出了第一步，突然间，走路成了你的常态。再接下来，你开始跑跑跳跳，最终掌握了跳跃。对我们大多数人来说，这些里程碑似乎自然而然地到来，而且随着年龄增长似乎越来越频繁地出现。这与我们的身份如何扩展和形成十分相似。

我们在学校的时候也经历了类似的过程。在小学，我们梦想着当一名中学生；进入中学，我们心想要是哪天成为一名高中生就好了，好得令人难以置信。那些高中生多酷啊，那么成熟！

当你高中的第一天终于到来时，作为一名刚刚踏入校园的新生，你终于成为那些酷酷的高中生中的一员。然而，你是一名新生，并不像高年级学生那么酷。他们年龄比你大一些，大多数人都开着车，有些人甚至已经在上大学课程了。

回想一下你成为高一新生时的情景，你觉得高中高年级学生比你们这些新生年龄大得多，也成熟很多。我还记得和我一起上约塞米蒂高中的高年级同学。我觉得他们不仅酷到极点，似乎比我成熟得多，而且看起来十分老练了。

现在，我提醒自己，那些看起来很酷、更成熟、"把一切都弄

明白了"的高年级高中生依然只是十几岁的青少年，他们实际上和我在高中最后一年一样不成熟、缺乏安全感、内心迷茫。一想到这些，我就让自己记得，我们都有潜力达到我们钦佩的人们的水平。无论未来对你来说是什么样子，你都可以把现在看作一个你还没有创造的未来现实。

谈到我们能挣多少钱时，有一个最能说明我们可以怎样不断扩展可能性范式的例子。在孩提时代，我们兴奋地收集零钱，把它们储存在零钱罐里。对大多数孩子来说，哪怕存下区区 10 美元，也都是不可能的事情。等到我们开始因为干家务活而获得父母的奖励，或者邻居们雇用我们去修剪草坪时，我们就从一次存几美分升级为一次存几美元。突然之间，我们完全可以存下 10 美元了，于是再把目光投向了下一个目标：存下 100 美元。接下来，存 100 美元的目标被提升到了存 1 000 美元，最终再提升到存 10 000 美元，依此类推。

我还清楚地记得，19 岁那年，我放弃了梦寐以求的电台音乐节目主持人的工作（那份工作的报酬很低，1 小时只有 10 美元，任务是播放音乐并且分发音乐会门票），转而去做一份"只收佣金"的工作——给卡特扣公司销售厨房刀具。第一周，我就赚到 3 000 多美元的佣金，而如果我在电台工作，要 300 多小时才能赚到这么多钱。正如你可能想象的那样，在一周之内赚到以前我需要近 4 个月才能赚到的钱，为我将来的收入创造了一种新的可能性范式。

我曾经有个独一无二的机会采访几十位白手起家的百万富翁，当时我正在写一本新书，名为《早起的奇迹：有钱人早晨 8:00 前都在干什么》（*Miracle Morning Millionaires*）。结果我发现，这些百万富翁们都有一个共同特点，就是他们的财务上的可能性随着时间的推移逐渐地、不断地扩展，而且继续这样扩展。

对大多数百万富翁来说，他们年轻时的梦想曾经是一年收入 10 万美元。当他们最终实现了以前难以企及的 6 位数收入时，这就成了他们的常态，使得他们开始把目标定得更高。对许多人来讲，随之而来的是一个逐步攀升的过程（无论是内部的信念还是外部的收入，都开始逐渐攀升），从 10 万美元到 20 万美元，再到 30 万美元，依此类推。不论达到了什么样的收入水平，它都带来了一种新的可能性范式。有趣的是，他们的工作水平却并未随着收入的增加而上升，甚至往往还下降了。当他们变得更有知识、更有经验、更有效率、更具效能时，他们也就赚到了更多的钱。他们变成了什么样的人，结果就收获了什么样的财富。

我们每天产生多少个想法是个有争议的话题。我在网上看到过几个数字，最常见的说法是我们每天产生 5 万 ~ 6 万个想法。不管这个数字的准确性如何，我相信我们会一致认为，我们每天真的会想很多事情。

到底每天产生多少个想法，确切的数目其实无关紧要。对你我来说，更重要的是要承认，我们每天的大多数想法都是一样的。一旦你考虑到我们的思想造就了我们的身份，我们对自己的想法就变得至关重要了。换句话讲，不管你怎么看待自己，你对自己的想法都成为你的现实。你认为自己有多能干，你就有多能干，或者你认为自己有多无能，你就有多无能。你相信自己的人生可能性是有限的，它就是有限的，或者你相信自己的人生可能性是无限的，它就是无限的。所有这一切都取决于你的感知。

当我们醒来时，我们的头脑里充斥着习惯性的思维模式，这些思维模式通常根据我们一天的时间顺序来引导。我们想着自己必须做些什么，然后早上才能出门。我们整天都在思考我们的日程安排，接下来会考虑回家的时候和睡觉前需要做些什么。我们几乎没有时间去考虑更宏大的未来，也没有时间去想清楚为了创造更宏大的未来，我们需要成为什么样的人。所以，我们的生活没有改变，因为我们自己还是原来的样子。

> 你认为自己有多能干，你就有多能干，或者你认为自己有多无能，你就有多无能。
>
> ◀ ◀ ◀ THE MIRACLE EQUATION

当我们一直在想着同样的想法时，我们就会被限制在同样的可能性中，或者说，受制于各种可能性的缺失。我们迄今为止允许在自己脑海中萌生的那些想法，过去创造了、将来也会创造我们现在身处其中的现实。要改善人生，必须首先改造你的习惯性思维。最有效的方法就是制定书面声明，这样你就不会完全依赖你的记忆。对这些书面声明，你要从战略上进行设计，以便将思维引导到并且聚焦于这些方面：对你最重要的事情、对你来说可能的事情、你需要变成什么样的人，以及为了让可能的事情成为必然，你需要做些什么事情。我们将在第 9 章花大量篇幅来讨论如何做到这一点。

所有的奇迹专家都是从愿意看到自己比从前更好开始的。当你这么做的时候，你会意识到，你过去做过的或者没有做过的事情已经不再重要，相反，你的想法很重要。当你控制了自己的想法并且承担起责任时，你就会明白，自己总是有能力在人生中创造有意义的成果，取得有意义的进步。再加上始终如一的努力，获得更大成功的机会就会进入你触手可及的范围。

奇迹没有出现？因为你还未全身心投入！

在我离开卡特扣公司之前，我给自己定了一个目标：将我之前创下的最佳年销售额再翻一番。这是一个巨大的飞跃。要知道，即使只将年销售额提高 25% 或 50%，也是令人生畏的，而试图将其提高 100%，则非常可怕。在那之前的 7 年里，也就是我十几岁和二十几岁的时候，我一直在努力实现一个里程碑式的目标：在一年内卖出价值 10 万美元的产品。我确实两度实现了这一目标，并让自己跻身这家公司每年的销售排行榜前十（第五和第六），为我赢得了公司组织的赴墨西哥坎昆市和加拿大班夫镇的旅行。

2004 年，25 岁的我已经准备好继续追逐我的梦想，成为一名作家和主题演讲者。但就在我准备离开之时，我痛苦地意识到：我从来没有完全发挥出作为卡特扣公司销售代表的潜力。销售 10 万美元产品只是我的兼职工作，而我从来没有为实现这个目标全力以赴地努力过，至少不是一整年都不遗余力地工作。我想使我最佳年销售额翻一倍，达到 20 万美元（这是一个里程碑，只有少数几位销售代表实现过），同时在此过程中培养能让我实现一切目标、过上我想要的生活所需的品质与性格特征。达到这个目的成为我的使命。

我并不是说那一年我再没有其他目标了。事实上，我比以前更加投入地实现更重要的目标（在质量和数量上）。除了使最佳的年销售额翻番，我还开始编写和出版我的第一本书、在高中和大学发表 12 场演讲、每周锻炼 5 次、每周攀岩 3 天、遇到最终会嫁给我的女人、给慈善机构捐款 1 万美元。虽然这些也是我的主要目标，但还不是全部。我对人生的每个方面都设定了具体的目标。

明确哪个目标最重要，并将其作为我这一年的使命，对我以怎样的方式去实现这个目标以及所有其他目标产生了巨大影响（我将在下一章中确定你的首要使命）。清楚地知道我的首要目标是销售额 20 万美元，使我开始自动地考虑最先做哪些事情。简单地讲，我在经历预先确定的过程之前，不允许自己把时间花在其他目标上。如果能做到这些，我的使命的完成就会从可能变成必然。

为了使年销售额翻一番，我将自己每天打出的电话数量（即我的"过程"）翻了一倍，同时完全摆脱了对那些电话的结果以及随后的销售产品演示的情感依恋，只是简单地坚持这个过程。这将使我不可避免地获得我想要的结果。我还组建并领导着一个团队，它由我的同事组成。

我们每个人都有一个共同目标：当年实现 20 万美元的销售额。每周我们都会聚在一起，分享我们的胜利、挫折以及最宝贵的经验教训。组建这个团队也是我的长期目标之一，实际上支持了我的主要任务。当我冒险进入某个新的领域时，这个团队给了我支持，给了我新的想法，并且在我开始消沉和怀疑自己的时候赋予我更多的能量。

在设定目标后不到一年，我在电子邮件中收到了我的佣金结算表，发现这一年的销售额刚好超过 20 万美元，达到 20.5 万美元。我盯着这个数字，几乎不敢相信。我记得我站在床尾，将身子向后倒去，就像播放慢动作那样。我感觉自己好比从云端坠落（此处应插播鼓舞人心的音乐）。我已经实现了我认为极度不可能的事情，而随着我的大脑试图去处理这样的信息，我的心跳开始加快，事实上，我花了几分钟才让新的现实取代旧的现实。我意识到我们都有能力克服恐惧，实现我们愿意全身心投入的任何目标。

我不是唯一一个这样的人。我的团队中还有另外 5 人也达到了年销售额 20 万美元的目标，这是公司历史上最高的纪录。但故事并未就此结束。有趣的是，当你过度专注于某个单一目标，并且用坚定不移的信念和非同常人的努力去实现它时，你会发现你还将实现其他你原本认为自己难以实现的目标，因为它们符合你的新身份。

那一年，我还编写并出版了我的第一本书，书名是《直面生活：如何创造梦想中的生活同时热爱你现在拥有的生活》（*Taking Life Head On: How to Love the Life You Have While You Create the Life of Your Dreams*）。此外，我开启了我的有偿演讲生涯、将体脂率降至 5.7%（我甚至不知道这是否健康）、遇见了我的梦中情人（现在我和她有了两个孩子）、每周锻炼 5 天、每周攀岩 3 次、开始练瑜伽，而且比以前捐出更多钱。

就在那一年，我的整个人生都改变了，因为我改变了我对自己能够做些什么以及全身心投入地做些什么的思考范式。简单讲，在多年来接受作为普通人的自己之后，我终于拓展了自身潜力，变成了更好的自己。那一年是我生命中最美好的一年，因为我走了出来，成为我始终知道自己有能力成为的那个人。我很期待你们也能有这样的经历。

随着我们转入下一章，我邀请你在你自己的生活中考虑这个新的目标范式。你是否曾经由于觉得不可能成功而早早放弃，甚至一开始就不打算追逐目标？是不是哪一次你战胜了这种对自己的怀疑（或逻辑），结果让自己大吃一惊？我们都有着这样的故事。在我自己的生活中，我多次努力工作并且达到目标。有时候我并没有那么努力地工作，但仍能实现目标。另一些时候我真的十分努力，却没有达到目标。还有的时候我工作不努力，也没有实现目标。关键是你的努力并不总是能够转化为切实的结果，但总是会将你提升为你想成为的人。

现在，我们已经阐述了设置目标的真正意义是什么，并且扩展了你的可能性范式。我在下一章将更深入地探讨，怎样确定对你来说最重要的事情。你将弄清楚你的哪个目标会变成你的使命，也就是唯一最重要的目标。它将对你培养奇迹专家的品质与性格特征产生最大的影响。

第 6 章

THE
MIRACLE
EQUATION

每一天，专注捍卫你的使命

明确人生优先级，
投入对你意义重大的事情

　　如果某件意义重大的事情和你的梦想有关，你就必须去
完成它，必须捍卫它，并且必须现在动手！

　　　　罗里·瓦登（Rory Vaden），《时间管理的奇迹》

　　那么，考虑这种可能性的新范式，给你带来了什么样的感觉呢？
现在，既然你以一种全新的方式理解了目标的真正意义，那么你就
可以开始设立你想要的目标了，你想要多大就可以设立多大。这些
目标对你来说真的很重要，你在设立的时候不会再有任何恐惧，因
为你不可能失败，只可能学习、成长、变得比从前更好。

　　你走出舒适区越远，学到的东西就越多，成长的速度就越快，
就会越发迅速地成长为奇迹专家。一个有着无限必然性的世界现在
向你敞开了大门。

　　你甚至可以做点白日梦，想象着当你开始以这种方式生活时，
你的人生看起来（和感觉起来）会是什么样子——假如你增加了
收入，实现了财务自由，增加了你的锻炼次数，塑造了最好的身
材……最终你开始在你的目标与梦想清单上把所有项目一个接一
个地勾选起来，而这份清单曾经写满你那些似乎被遗忘的最重大目

标和最美好梦想。是不是感觉特别棒？尤其是当你同时实现了最大的目标和梦想的时候。

但是，请等一下。这些能一次性实现吗？你是否认为自己可以同时实现所有的最大目标？我们来讨论一下这个问题。

目标越多，效率越低

在过去 20 年里，当我面对各行各业的人们，帮助他们明确最重要的目标时，发现了一个共同的障碍，那就是我们大多数人都试图一次性完成太多的目标，却不清楚应该把哪些目标放在首位。我们的目标包括保持身体健康、构建和谐家庭、实现财务自由、保障工作顺利、做到人际关系和谐等，而且这个列表还可以无限延长。你知道当我们不能将最重要的目标摆在首要位置时会发生什么吗？我们会一直忙忙碌碌，也许取得了一些无关紧要的进展，但最终总是没能达到目标或不知所措。

我们可以将这种目标设定与多任务处理进行比较。人们很容易一次性担负太多责任。我们的文化使我们习惯了以这样的方式度过每一天：仿佛在同一时间将大脑分成不同的部分来执行不同的任务。我们会一边工作一边快速浏览脸书上的通知。我们会一边开车一边打电话。我们会一边和孩子们玩耍一边查看手机短信。我们似乎已经处理了许多任务，但是，这真的更有效率吗？

答案是否定的。2009 年斯坦福大学开展的一项研究发现，经常使用几种不同形式的媒介进行多任务处理的人，实际上效率反而更低。

他们在筛除不重要信息和在两项不同任务之间切换时存在更多困难，记忆力也不如那些集中注意力工作的人好。多任务处理会减慢你的速度。同时追逐几个同等重要的目标，和多任务处理是一样的。

假如你同时把注意力分散在 5 个不同的目标上。在几个月的时间里，你也许会在几个目标上取得 5% ~7% 的进展，而在一些目标上只会取得 2% ~3% 的进展，另外，还会有至少一两个目标你完全没有付出努力去实现。再过几个月，你可能会在几个目标上又取得 5% ~7% 的进展，在一些目标上又取得 2% ~3% 的进展，但你这时会完全避开至少一两个目标。6 个月后，你仅仅触及了每个目标的表面，或者已经失去了最初设定每个目标时的动力和动机，然后被引诱着去追逐另外 5 个新鲜、刺激、令人兴奋的新目标。如果对这 5 个新目标又采取同样的推进方式，你又会在它们上面取得另外 5% ~7% 的进展（或更少）。

这种将注意力分散在太多目标上的方法，会导致一个无休止的恶性循环：不断地出现没有达成的目标，并且不断地导致你未能充分发挥潜力。它还妨碍你在一段时间内培养优先考虑重要事项、集中注意力和保持专注的能力，而这些对于实现重要的目标和创造具体的、可衡量的奇迹至关重要。

我们设定的目标越多，并且给予每个目标同等的优先级，就越发不可能实现对我们来说最重要的事情。如果我们对自己的首要目标（单一目标）不是很清楚，人类的天性就会让我们保持忙碌，去追求阻力最小的道路，去从事那些于结果最无关紧要的活动。当我们原本可以更有效地打电话时，我们却在发送电子邮件。当我们原本可以读一本关于个人发展的书时，我们却在看电视剧。我们使自己忙忙碌碌，这却侵蚀了我们原本无限的潜力。

我们不能再这样下去了。是时候学习如何专注于对你来说最重要的事情了，这样你才能做更多真正重要的事情。因此，在这一章和这本书余下的内容中，你将专注于一个目标——也是你最重要的目标，一个对你的生活质量产生最重要影响的目标。我知道这可能会让你感到不安。你会说："可是,哈尔,很多事情对我来说都很重要,我有许多想要实现的目标。你怎么能指望我只选一个呢？"我明白。我也理解这对我们的整个多任务处理的工作方式将产生多么重大的影响，但我真的希望你能成为奇迹专家，你会发现确立和保持单一的关注焦点是最有效的方法。

Priceline.com 的网站创始人、亿万富翁杰夫·霍夫曼（Jeff Hoffman）最近在我的商业伙伴伯格霍夫和我共同主持的量子跳跃策划者（Quantum Leap Mastermind）静修活动上发言，他说的这句话最令人印象深刻："你不可能在一项以上（运动）中获得金牌。"这也是我写下的诸多收获中的一条。让我们先来理解一下。大多数奥林匹克运动员一生都致力于在某个项目上使自己成为世界最优秀的运动员。还记得吧，我们在上一章探讨过，当你选择并投入一项使命时，实现其他目标的可能性也会变得更大，因为你将按照你的最重要目标来生活。

在这一章中，你将清楚地知道你的生活是否与你的首要目标一致。（很可能不是。别担心，这样的人远不止你一个。）然后，在你要冒险并下定决心完成一项非凡的使命（我会趁着所有这些内容在你的头脑中还清晰时，敦促你阅读这一章）之前，我会为你准备一些安全措施，确保你可以按照预期完成使命。这一切都是在为你的第一个"奇迹公式 30 天挑战"做准备，该挑战将在第 10 章被介绍。

好了，深呼吸一下。我们开始深入探讨。

确诊癌症后，我的第一要务就是陪伴家人

有人会说，确认你的首要任务的最快办法是直面你自己的或者你身边亲人的死亡。在我 37 岁被诊断患有癌症时，我认为最重要的事情（是的，我当时有许多重要事情）是和家人在一起；第二是身体健康；第三是和朋友交往；第四是确保财务安全；第五是提高生产力 / 成就；第六是使生活有乐趣——按顺序排列。然而，当医生告知我，未来几个月我的死亡概率会达到 70% ~80% 时，你可能很快就意识到了：我要将这些事都做完是在妄想。

假如你问我，在我的世界里什么最重要，我会毫不犹豫地告诉你："我的家人。"我是认真的。我爱我的妻子和我们的两个孩子。他们是我的一切。我真的相信，我其他的一切都没有他们那么重要，我所做的一切，都是为了他们。

那么问题是什么呢？哪里脱了节？嗯，快速浏览一下我的日程安排，不难发现这种脱节。以前我选择的工作与生活方式表明，我完全与自己的最重要目标背道而驰：经常出差，每周工作 60 多小时，周末也不待在家里，因为我还有一个接一个的大项目要完成。如果说陪伴我的家人真的是我的首要任务，那么我肯定将其推到一

边了——而且常常是为了那些原本不太重要的事情。我的行为与我所说的（甚至是相信的）最重要的目标并不一致。

经过深刻的反省与沉思，我发现我把工作成就看得比什么都重要。我几乎把所有时间和精力都花在完成这个项目和确保下一个项目顺利运行上了。我没有着重关注孩子们的睡前故事，而是紧紧盯着我的业务指标。当我浏览电子邮件并且回复那些我认为紧急的电子邮件时，我不会去听妻子讲述这一天过得怎么样，只是习惯性地向她点点头。

我并没有真正聚焦于任何一件事——尤其是我的家庭。但是我觉得，我这么做有着充足的理由，至少我是这么认为的。我重视我和家人的经济保障，希望那些对我来说比什么都重要的人吃得好、穿得暖、住得舒服。然而，当我坐下来审视这一思路时，我发现我对财务安全的关注并非源于对家人的爱，而是源于恐惧。我优先考虑的事项发生了微妙的变化，但它们与家人毫无关系。

在 2007—2009 年国际经济危机之后的几年里，我原以为我可以完全控制自己的财务状况，结果却失去了一半以上的客户，他们自己也受到经济危机的影响，再也不能和我一起工作了。我的收入减少了很多，无力支付抵押贷款，最终失去了我的房子，失去了抵押品赎回权，毁掉了我的信用。那是我人生的低谷，十分可怕。我没有付出任何努力来挽救事业，只是不断地陷入越来越深的债务泥潭。我真的不知道怎样才能将自己从财务困境中解救出来。

尽管我最终还是扭转了局面，继续向前迈进，但多年后，我意识到我仍然受到一种根深蒂固的恐惧的驱使，那就是害怕再次失去一切。

因此，写给客户的每一封电子邮件都变得至关重要。我做的每一次主题演讲也都像生命线。是的，我确实想养活我的家人，更重要的是，我害怕再次经历国际金融危机，那种感觉就像我对自己的生活没有任何控制权。

为了克服这种恐惧，提高生产力成了我的首要任务，不管我当时是否意识到这一点。在今年的演讲之后，我与无数人交谈过，发现大多数人都这样。不管你把它叫作生产力、成就还是工作效率，它们都属于同一类别，我们很多人都对它们上瘾。我们不仅专注于那些让我们忙碌的、并非很重要的任务，而且因专注于它们而忽视了那些对我们来说最重要的事情。

当我们以这种方式不停地工作时，对身体和大脑都有害。所以说，我们这么做是在损害自己的健康。再进一步观察，这会破坏我们的家庭，打消我们的乐趣，毒害我们的精神，甚至妨碍我们的工作（所有这些都会同时出现），因为我们最终会使自己耗尽精力。如果你真的只能有一个最重要的目标，那么，其他所有优先级都要自动从列表中删除。

但我们不只是在与生产力相关的任务中这样做着，还在许多不那么重要的活动中这样做着。想一想你花了多少时间同时看电视剧或看新闻、上网、浏览社交网站，甚至玩手机游戏。是的，所有这些都会影响你花在最重要事情上的时间。

如果你曾觉得自己没有足够的时间每天都去完成首要任务，实际上那并不一定是你真的没有足够的时间，而是你把更多时间耗在了不那么重要的活动上。然而仅仅由于这些不太重要的活动也花了你这么多时间来做，你才会认为它们和你的首要任务一样重要。记住，你的日程安排表从不说谎。

直到我被诊断出癌症，我才意识到不仅我的生活与我的首要目标不一致，而且我每天都生活在恐惧中。当然，基于我自己的经历，我有很好的理由这样生活，但我认为，我们任何人都不想过这种受恐惧驱使的生活，我知道我也不想。所以，我决定做一些彻底的改变，以便将我希望的首要任务（也就是我的家人）排在第一位。

这种转变是这样开始的：我第一次接受为期 5 天的化疗回家后，坐在当时 4 岁的儿子面前，对他说："哥们，今天你想做些什么，我们都能做到！我们可以去湖边，可以参加卡丁车比赛，可以去打保龄球。总之，可以做任何你想做的事！"

他回答说："真的吗？嗯……让我们到我的卧室里玩玩具吧！"

我觉得他一定误会了我的意思，于是说道："不，哥们，我是说我们可以做任何你想做的事！你最想做什么事情？"

他回答："我只想和你在我的卧室里玩耍。"

这一回答真的让我大开眼界。我意识到儿子最渴望的是和我一起玩。如果我觉得家人确实是世界上最重要的，那么对儿子来说，我就是最重要的。

刹那间，我有了一个简单而深刻的认识：孩子们不会记得我支付了多少抵押贷款，也不会在乎我卖了多少本书。当我走到生命尽头时（我希望这一过程不会拖得太久），我也不会记得和在乎这些东西。我还意识到若是我等到下班后才和孩子们度过"质量"不那么高的时间，那么在我生命中最重要的人的眼里，我就是一个"剩下的爸爸"。他们没有得到最好版本的我。他们接触到的是疲惫不堪、精力枯竭时的我。我也一样，接触到的是玩累了时的他们。我必须改变这一切，以便让家人真正地排在我的日程安排表上的首位，无论是字面意义上还是实际意义上。

所以，那天早上，在和儿子去他的卧室玩之前，我设置了一个每天早晨都会响铃、时间跨度为 30 分钟的闹钟，以便提醒自己，在儿子每天上学之前，早上我要做的第一件事就是和他玩。这只花了我一点时间，对他来说却意味着一切。这样一来，我们每天都能加深我们之间的感情。

那天和儿子一起玩的时候，也就是在我从癌症中康复之后，我一直高度关注我的家人，非常用心地去尽力做最好的父亲和丈夫。这种专注让我彻底改变了我的日程安排表，使之与我最看重的和对我最重要的事情相一致。以下是我们家现在典型的一天 / 一周：

我仍然每天早上 4:30 起床，写《早起的奇迹》这本书，之后再渡过 S.A.V.E.R.S. 中的 "R"（阅读）时间，我制定了一条规则：假如我没有读完至少 10 页的育儿书或关于婚姻家庭生活的书，就不能读商业书。这一规则每天都在提醒我，陪伴家人是我的第一要务。

早上 6:00，我走进儿子和女儿的卧室，叫醒他们（我妻子过去常常这样做，而我则继续自己单独的清晨日程安排）。我努力用一种积极的心态和正面的情绪来唤醒孩子。首先，我通常爬到他们的床上，抱着他们或者给他们搔痒。然后，当他们醒来时，我会说一些肯定的话，比如："早上好，我最喜欢的儿子 / 女儿……你善良、可爱、聪明……你醒来的时候充满着正能量……是时候起床了，让

今天成为你最美好的一天。"我想到什么就说什么。我还常常唱出
对他们的肯定，有时用一种有趣的语音语调，这样做的目的是逗他
们发笑，让他们愉快地醒来。

> # 记住，你的日程安排表从不说谎。
>
> ◀ ◀ ◀ THE MIRACLE EQUATION

　　孩子们穿好衣服、刷好牙之后，我们就会享受一个"孩子友好"
型"奇迹早晨"。接下来，我会继续和儿子一起玩（他最喜欢做的
事），从玩动作玩偶到玩棋盘游戏。在"孩子友好"型"奇迹早晨"
结束，并且我陪孩子们玩耍了一会之后，我基本上成了妻子的私人
助理，帮她包好午餐，帮助孩子们做好上学准备（同样，我以前从
来没有做过这些，因为我总是躲在书房里工作）。现在，我觉得帮
助妻子和孩子们在早上做好准备是一种有意义的家庭经历。这不是
义务，而是加深我们之间感情的机会，对我来讲，这是一个对我和
孩子们都产生积极影响的机会。

"不，谢谢，那天我要和孩子们在一起"

　　接下来，我会带儿子和女儿去学校（我过去也常常有意无意
地把这件事交给妻子）。每天早上和孩子们在一起的宝贵时光真是
无价的。在这段时间，我们一起设定他们这一天的目标、进行有意
义的交谈、听欢快的音乐并且跳舞（是的，我们在车里举办舞会）。

我也开始每周三天下午 2:00 而不是 5:00 下班，这样就可以去学校接孩子了。刚开始时，我很难从工作日中把这 3 小时挤出来，但后来我做到了，并为此非常高兴。

下午 5:00 左右，我们一家人一边吃晚饭，一边玩"感恩字母表"的游戏，在游戏中，我们要从字母 A 开始轮流说出我们这天要感恩的事情。这也是孩子们睡前例行事项的一部分。我给他们读睡前故事，或者跟他们讲我小时候的故事（顺便说一下，这是让孩子了解你的好方法，能让他们获知你一生的宝贵经历）。这也确保了我把一天的时间安排在最重要的事情上，也就是说，孩子早上起床的第一件事和入睡前的最后一件事，都是我和他们在一起。

周六，我会带孩子们过一个"爸爸孩子开心日"，这给了我们另一个共度高质量时光的机会。我会做些能给孩子带来快乐的事情，这也给了妻子腾出一天的时间忙她自己的事。我和妻子每周都会虔诚地庆祝我们的"约会之夜"。在这个时候，我们会找好保姆在家带孩子，然后一起出去享受美好时光。

所有这些变化，并不是一夜之间发生的，而是逐渐发生的。这些肯定不容易做到。不过，我心头仍然有一种根深蒂固的恐惧：经济可能再次崩溃，我也许会面临另一场个人金融危机，这只会强化我对工作或生产力的依赖。好消息是我发现你越长时间地按照你的首要目标来生活（任何改变都是如此），就会觉得越发轻松、越发自然。前几天，有人邀请我参加一个对我的工作十分有意义的活动，我毫不犹豫地说："不，谢谢，那天我要和孩子们在一起。"

但是，在陪伴家人这件事上，我离完美还差得远，因为有些时候我还得退出，把妻子拉进来。不过，我最看重的家庭关系中的最大突破在于，我不再为了能完成自己给自己定下的任务，才愿意付出"足够"的时间和家人在一起。相反，当孩子还年幼，还想和我在一起时（更有经验的父母曾经警告我，孩子们结束这段时间会比我希望的更早），我会尽我所能和他们在一起。在生活中，我的首要任务是与孩子们加深感情，并且对他们产生积极的影响，而做到这一点的唯一方法就是和他们共度高质量的时光。和他们在一起的时间越长，我和他们之间的感情就越深，也就越能积极地影响他们的成长。所以，我一有机会就和他们在一起。

我希望只有我在长达几年的时间里过着这种与自己认为真正重要的目标不一致的生活，但是，在我身患癌症之后，和成千上万人分享我的"什么是最重要的"这个新的主要信息时，我才知道原来许多人跟我之前一样。

如果你属于这一类人，那么你要做的最重要事情就是承认它并且下决心做出改变。对自己实话实说，如果你想让工作成为你的首要任务，那就全身心地投入工作中，不要感到内疚。我在成家之前把工作当成首要任务，我觉得很好。如今，我有时也把工作摆在首位，但这已经处于我的现行规则之外了。如果你知道你的健康是你的主要关注焦点，那就要确保你的行动以及日程安排表支持这一选择。

要知道，你的首要任务可能会改变，也一定会改变。我敢肯定，你现在的生活重心跟你 15 岁时已经不一样了。在你接下来的一生之中，它将再次改变，也许还会改变好几次。所以，当你想要弄清楚你现在的首要任务是什么时，别给自己太大的压力。不要担心你的其他目标会因为你选择的首要任务而受到影响。你会发现一旦清楚了自己的首要任务是什么以及什么对你来说最重要，你的工作效率反而会提高。

使命引领你成为最想成为的人

你能肯定地说，你很清楚什么对你的生活最重要吗？是你的家人？你的朋友？你的健康？还是你的目标？如果你不确定，我邀请你努力去探索，因为世界上最成功、最有成就的人们正是那些能清晰认识什么对他们来说最重要（也就是他们的最高价值和最重要事情）的人们，他们每天的生活都与对他们真正重要的事情相一致。

我发现并非每个人都曾遇到过某个改变人生的事件，从而让他们更清楚地看到什么对他们来说最重要，并让他们知道要怎样按照那种价值来生活。如果你还在思考什么对你来说最重要，那让我们试试另一种方法。

让我们先穿越到未来，想象你已经像个奇迹专家那样生活了。你现在每天醒来后都会怀着坚定不移的信念，付出非同常人的努力来迎接每一天。你不断地创造让你感到有成就和有意义的成果。如今，人们看着你的这些成就，往往心想，"天呐，世界上的一切都在围着他转。他真是幸运！"你从来没有感到这么快乐过，同时也十分平和，因为你的生活与你的最高价值和最大能力相一致。你的日程安排表证明了这一点。尽管机会无处不在，但你可以对大多数机会说不，因为你只会利用那些你认为最重要的机会。

当你成为奇迹专家时，你最看重人生中的什么？是家庭、健康、工作、财务、精神、乐趣、贡献还是个人发展？你是怎么知道的？在你的日程安排表中，哪些活动最重要？

我意识到，此时此刻我已经做出了很大的努力，但是确定你最看重的是什么，对于明晰你的使命至关重要。奇迹，尤其是具体的、可衡量的那种奇迹，在你紧贴价值和最重要的事情时更容易创造。否则，你会觉得你好像总是被许多事情都需要优先处理的错觉压迫着，并且不管什么时候都在纠结该把精力放在哪些方面。

现在，如果你清楚你最重要的任务，就拿出你之前写下的目标清单。如果你还没有为你的本年度、一生以及其他各个方面写下任何目标，请现在就放下这本书，花几分钟时间大致写下你在未来几个月里想要实现的目标。不要担心能否完美实现这些目标，只要开始做你在以下每个方面想到的第一件事（你想要改进的事）：

◎ 健康与健身

◎ 家人

◎ 朋友

◎ 工作

◎ 金钱

◎ 乐趣

◎ 个人进步

◎ 卓越

◎ 捐款或做慈善

在回顾你的目标并决定哪个目标重要到足以成为你的最重要目标时，请回答这个问题：这些目标中的哪一个将促使我培养出我实现人生中其他一切目标、得到人生中其他一切想要得到的东西所必需的品质与性格特征？

这个目标应当推动你朝着你对自己构想的奇迹专家的愿景前进，其依据是它将促使你培养成功必须具备的品质与性格特征，比如纪律、坚忍、毅力，最重要的是坚定不移的信念和非同常人的努力。这个目标与你所追求的最重要目标或价值相一致吗？如果没有，就要考虑是不是应当更改目标或价值。记住，你希望你所有的注意力和精力都导向你的新身份，所以，你的最高目标和最重要价值应该是同步的。同样，不要放弃那些看起来十分吓人或者很难实现的目标。最高目标吓到你是很正常的。它应该不在你的舒适区之内，会迫使你进入一种新的生活方式，因此要确保它是有意义的。

大幅减肥的目标能促使你培养自己的品质与性格特征并且确立奇迹专家的身份吗？创业的目标呢？换工作呢？写书呢？跑马拉松呢？实现收入倍增呢？（最后两个是我曾确立的目标。）

一旦你清楚哪个目标将最有效地引领你转变新的身份，它就成了你的使命。我有意使用"使命"这个词（在我自己的生活中也是如此），因为它能唤起一种更严肃的感觉，并且暗示它有着更高的目的。根据韦氏词典的定义，目标是"指引我们努力的终点站"。设定目标很有趣，你可以想象所有这些伟大的事情正在发生。如果你想象不出，那就选择一些新的目标，并且快乐地想象着它们真的实现了。到那个时候，它们看起来更像是做梦一样。

使命意味着一种不同水平的投入。即使你有一百个目标，它们也永远比不上一项使命那么重要。军队完成使命，人道主义组织完成使命。这里使命的分量与目标的分量有很大的不同，而目标通常与更远大的愿景相关联。不同的语言将为你制造不同的体验。

目标：我们想做到的许多事情。

使命：我们无论如何都要尽最大努力做到的一件事情。

记住，在确定你的使命时（如果你还没有确定的话），看看你所有的目标，然后回答这个问题：这些目标中的哪一个将使我成为我想成为的人，以便得到我生活中其他一切想要的东西？

我的使命是_____

_____

_____

现在，我通过明晰你的使命，已经为你积攒了一点完成使命的动力，所以别对我感到恐慌。但是你可能很想知道："我该如何完成这个巨大的目标呢？"我现在还不打算详细介绍这点，但是我保证，我将在第 8 章详细介绍如何提出和完善你实现使命的过程。不过，我现在要告诉你，这比你想象的要简单得多。让我们继续吧。

5 大步骤，建立你的"使命安全网"

如果你是一个有抱负的走钢丝者（我不是这样的人），在踏上钢丝之前，你要做的第一件事就是确保自己有一张安全网。当你尝试着去做任何新的、可怕的、超出舒适区的事情时，你同样也希望有一定的保障。

创造奇迹的第一个障碍是树立坚定不移的信念（我们将在下一章深入讨论）。我们越能让你的使命接近可能，你就越能够参与其中并继续下去。在你全身心地完成使命之前，可以采用这里介绍的一些方法来增大完成使命的机会。

第 1 步：确定每月使命

对于目标追逐者来说，每个新年都是激动人心的时刻，它使我们有机会回顾过去一年的进展，并且为接下来的一年设定新的目标。然而，尽管每年都有数百万人设定年度目标，但大多数人却会由于各种原因最终达不到这些年度目标。这是为什么呢？

我曾经读过一本很不错的书，书名是《一年 12 周：12 周完成比别人 12 个月更多的事》（ *The 12-Week Year: Get More Done in 12 Weeks Than Others Do in 12 Months* ），这本书让我认识到一年是一段很长的时间——也许太长了吧？到了 1 月底你的目标还没实现？没什么大不了的；你还有 11 个月时间回到正轨。4 月份你还没有步入正轨呢？别担心，你还有 5 月、6 月、7 月、8 月、9 月、10 月、11 月和 12 月来补上这个缺口。时间很充裕，对吧？

设定远期目标的挑战在于我们给自己留出了太多时间，却错过了宝贵的紧迫感。当拖延症与一种不现实的、永久的乐观主义相结合时，也就是说，当你总认为自己的时间还有很多时，你就会错误地以为事情拖得起，于是你就将它拖下去。这种恶性循环会使你错失机会、无法达到目标，并且无法充分发挥潜力。

假如你不是给自己 12 个月的时间来实现目标，而是给自己一个月的时间，会怎样？如果你的新年是从每个月的第一天开始，又会怎样？如果你每个月都有机会回顾自己的进展，设定新的目标，给自己一个新的开始，那又会怎样呢？

确立每月的使命，也就是说，每个月确定唯一一个支持你完成更重大使命的目标，将使你每个月都把自己的精力和时间聚焦在最重要的任务上，同时为你营造一种健康的、持续的紧迫感，让你朝着终极目标前进：培养奇迹专家的思维和行为模式。

第 2 步：布置你的环境

我们常常在自己没有意识到的情况下在自己面前摆放了妨碍实现目标的障碍。我们说想减肥 20 磅，但食品柜里却装满了饼干和苏打水。我们打算在早上冥想或锻炼，却在醒来的时候看手机，沉迷于电子邮件、社交媒体和没完没了的待办事项。我们宣称自己确立了宏伟的目标和梦想，但似乎没有在日程安排表中留出时间去实现它们。

评估你所处的环境，仔细检查你的日程安排表，确保没有任何事情干扰你的首要任务。理想的情况下，"使命时间"应当就像你的日程安排中反复出现的约会，在一天之中尽早安排，以确保你首先完成最关键的任务，因为你等待的时间越长，就越有可能将它们拖到第二天（如果你这么做过，请举手）。当你精力充沛、头脑清醒时，你是最容易完成最重要的任务的。如果你想在下班回家的路上去健身房，那就把健身包放在车里。你甚至可以在离开办公室之前换上运动服。总之，要让实现目标变得容易。

如果你想为公司争取更多的客户，一定要让自己有一段固定的时间和一个安静的环境打电话和开会。如果你的目标是掌握一门外语，确保身边带着外语书、收音机，甚至身边有一些懂这门语言的人。我们已经讨论过如何在自己的内心创造情感空间，这样才会给奇迹的诞生留出空间。此外，你还需要设计你的实际工作空间。

同时，考虑一下你身边的人。如果你身边的人总是找各种各样的借口，却一事无成，你就无法从他们那里获得什么动力。寻找那些已经在做你想做的事情的人，或者至少要寻找那些与自己的首要目标保持一致并且取得成功的人，无论他们的首要目标是什么。

现在，我的日程安排表与我的"家人第一"的使命一致，这基本上就像处在自动驾驶状态那样。这让我重新专注于我的另一项使命——远离癌症，一旦完成了这项使命，我就可以和我的家人健康而长久地生活在一起了。所以，我布置好自己身边的环境，全力完成这项使命。

我每天早上花 10 分钟诵读抗癌宣言，然后是 10 分钟的抗癌冥想，接着读 10 页与抗癌有关的书，这些书教我怎样保持舒缓的状态。我每天早晨喝自制的有机柠檬水，每周吃 Veggie Vibes 网站给我发来的美味的有机植物性食物。我买了一台臭氧蒸桑拿机，每周用 3 次，每天服用大约 30 种补充剂。事实证明，这些都对我与癌症的搏斗有帮助，此外，我每周还做咖啡灌肠。（我可以向你保证，再没有什么比在屁股上插根管子更不同寻常的了。）

我有意布置了我的整个环境来帮助我实现当前的人生使命。就像我的"家人第一"使命一样，我的"抗癌"使命现在也好比处在自动驾驶状态，以便我能将注意力转向另一项使命。当你调整好日程安排表，并且精心设计你身边的环境来帮助实现每一项使命时，你最终也会进入一种自动驾驶的状态，并且能将注意力转向你的下一项使命。你培养出了奇迹专家的品质与性格特征后，就会更容易且更迅速地达到这种状态。

第 3 步：建立责任机制

我知道当你试图做一些你从未做过的事情时，你很容易感到压力巨大并放弃了事。走出去，和与你志同道合的人们待在一起，是值得做的事情。为什么？因为组建和领导一个团队，可以赋予你责任、给予你鼓励，使你拥有新的观察视角，所有这些都是帮助你完成使命的宝贵资源。

首先，你要对自己说过要做的事情负责。诚信是最强大且未被充分利用的资源之一，在我看来，诚信就是做你说过要做的事。当你说自己要做的时候，不能有特殊情况或借口。当你下定决心过上无可挑剔的真诚生活时，就获得了让你的这种真诚生活得以存在的力量。这是因为如果你说你要做某件事并且信守了诺言，就和真正做完了这件事情一样好（也就是说，你必然会做这件事情）。

在现实生活中始终保持诚信，说起来容易做起来难，尤其是因为我们的默认行为模式之一就是找借口。事实上，尽管我们经常是在无意间找借口的，但往往把借口看得比诚信更重要。你如何评估自己是否倾向于找借口？想想当你无法如期完成承诺的最后期限时会发生什么。你的注意力和创造力都到哪里去了？你的默认做法（你自己甚至可能没有意识到）也许是想出各种借口，希望自己能够摆脱承诺的束缚，以便推迟努力或者完全不再努力。童年时期，我们可能撒谎说"我的作业被狗狗吃掉了"，这只不过是一种稍微复杂的逃避责任的尝试。如果你意识到你也这么干过，不必难过，大多数人都这样。这就是与那些同样致力于发挥自身潜力和实现重要目标的人为伴如此重要的原因：他们为自己实现目标的努力制造了一张安全网。他们会让你对自己说过要做的事负责，或者在你找借口的时候阻止你这样做。

他们还起到支持和鼓励你的作用。让我们面对现实吧，不管你设立的是什么目标，世界上并没有达到目标的捷径。我们在追逐目标的道路上总会有起有落，有成功的喜悦，也有失败的苦恼。当你经历了足够多糟糕的日子，想要放弃的时候，拥有一个"内置的"支持网络，将对你的成功至关重要。这就好比有一群私人教练专门为你服务。但是，支持网络并不仅限于别人支持你，你也可以支持别人。为他人提供支持能够激发出你最好的一面，同时使别人负责会帮助你更加负责。

在你陷入困境时，你的奇迹专家团队（或者你想怎么称呼他们都行）还可以为你提供不同的方法和策略，反过来也一样。这有助于你获得清晰的思路，摆脱困境。简单地讲，"你不是一个人在战斗"这个想法也能帮助你消除对某个重大目标的恐惧。让自己身边有一群与你志趣相投的人，每个人都有各自的经历，讲述着什么是成功，什么是失败。这极其宝贵。

如果你找不到一群和你志趣相投并且也在朝着重要的目标努力

的人，或者你不喜欢在团队里工作，那么下一个选择就是找一个负责任的合作伙伴。但是，你得有固定的时间和这样的伙伴交流，而且这个伙伴足够严格，可以像团队成员一样履行同样的职责，使你对自己追逐目标的过程负责。

我在写作过程中的两位合作伙伴卡梅隆·赫罗德（Cameron Herold）和乔·波利什（Joe Polish）就是彼此负责的伙伴。他们每天互相督促，使用一个名为 CommitTo3 的目标跟踪应用程序来促使他们担负起共同的责任，该应用程序要求他们每天明确自己最重要的 3 个目标，并且确保真正地追逐这些目标。关键是一定要有其他人支持你，并且一定让自己做到无可挑剔的真诚。我强烈建议不要挑选你的配偶、家人或爱人来担任这个合作伙伴，因为他们可能比那些不那么亲近的人更容易让你待在舒适区中。现在就在你的日程安排表中留出一些时间来"招聘"这样的伙伴，因为单单是这一个因素，就可以决定你的努力是否成功。

第 4 步：留心找寻你的良师益友

哪怕你只有一位导师，也将有益于你，因为我们观察事物的视角往往局限于我们自己的视角。导师可能是你的奇迹专家团队中的某个人，甚至是你选择的负责任的伙伴。虽然导师可以让你负起责任，但更多时候，他还让你看到更多的可能性。导师提供建议并发挥引领作用。

有些时候，对于你正在努力实现的目标，导师会根据他自己的经历（尝试过甚至可能实现）给你提建议。另一些时候，导师也许只是一个非常了解你的人，能够看到一条你从未考虑过的道路或者你从来都没有信心去踏上的道路。

我在本书前面提到过的伯格霍夫属于第二类导师。在过去 20 年里，他积极地影响着我，可以说对我的人生产生了最为深远的影响。然而，我们刚刚认识的时候，我觉得他成为我的导师的可能性最小。

首先，他比我年轻。其次，一开始我们都在卡特扣公司工作，而且是死对头。他比我晚了一年半才被录用，但很快就开始打破我在公司创下的几乎所有销售纪录。我依然记得我和他首次在销售会议上尴尬地见面时，他拿笔记下了我在业务推进期间创下的宝贵销售纪录。

在接下来的一年里，我们开始相互了解，最终成为好朋友。事实证明，他是我见过的最聪明的人之一，这也是为什么他比我们公司历史上任何一位销售代表（包括那些有几十年经验的人）都干得更出色的原因，尽管他比我们都年轻，经验也不如我们。

2001 年，我还在卖卡特扣公司的厨房刀具，另一家公司打算聘请我兼职销售其产品。我认为这是使我增加收入的好办法，于是打电话给伯格霍夫，问他是否也想加盟这家公司。他的反应出乎我的意料，也完全改变了我的人生轨迹。

"哈尔，你在干什么？"他的声音很严肃，"听着，伙计，你已经死过一次了，别人告诉你再也不能走路，但你还是能走了。我知道你会觉得这没什么大不了的，因为你就是这么创造奇迹的，自然而然、水到渠成地创造了奇迹，但你的经历并不是一般人的经历。"

他告诉我，我应该分享我的故事，告诉人们我自己是如何应对逆境以及如何克服困难，以便他们也可以像我这么做。伯格霍夫接着说："如果我是你，我会把所有的空闲时间都用来写一本关于自己的经历的书，而不是用来销售另一家公司的产品。"我想了想他说的这番话，意识到他是对的。这次谈话成为我转而当一名作家和主题演讲者的助推剂。

我遇到伯格霍夫的时候，万万没有想到有一天他会成为我的导师。正因为如此，我经常告诉人们要虚心听取优秀的建议，它们很可能来自一个不太可能的地方，但这没关系。我们越是努力向不同类型的人们学习，并且欢迎他们的反馈，就越有机会找到新的导师，获得新的视角，让我们更加接近 10 级的成功人生。

第 5 步：公开你的使命

为了坚定完成使命的决心，并且帮助你对自己的使命负责，你要将它公之于众。告诉你最亲近的人们，你在为什么而奋斗，为什么要全力以赴，不管发生什么……没有其他选择。我知道有一种学术流派告诉你不要分享你的目标，而是应该向人们展示你的行动，但和别人分享目标，关系十分重大。当你和人们分享目标时，你更容易摆脱困境。我经常这样做。

我明白了公开目标能够产生怎样的影响，因为我自己尝试过好几次了。你知道，我组建了一个由其他销售代表组成的团队，他们也在为达到年销售额 20 万美元的目标而奋斗，这使他们知道了我的使命，而且我们每个人都相互支持，彼此负责。

当我决定为慈善事业跑一次超级马拉松（连续跑 80 多公里）时，我做出了一个更大的公开承诺。现在让我们来看看我做出这一承诺的场景：我向所有参赛选手致敬，但告诉他们我不是他们中的一员。尽管我对此并不是特别感到自豪，但要知道，我原来属于"讨厌跑步"的人。

我总是不喜欢跑步。不过，在 2008 年的年中，我决心要跑一次超级马拉松，因为我讨厌跑步。我知道这听起来十分奇怪。在一个"奇迹早晨"，我突然想到，要让自己在一天内跑完 80 多公里，我必须变成什么样的人。我不认识那样的人，也从未见过。我想知道他是怎样的。我以为他比我更自律，更有能力。唉，他也许能够做到任何他想做的事情，而我真的很想成为那种人。

所以，我做了两件事来充分运用其他人的支持与责任。首先，我上了脸书，公开承诺要参加一场超级马拉松，为我最喜欢的慈善机构"前排基金会"（the Front Row Foundation）筹款。公开自己的承诺，让我有了坚持到底的筹码。我想，即使是在我想要放弃的时候（我们都在创造奇迹的过程中经历过），我也不想成为那个之前承诺为慈善机构筹集资金，之后又改变主意的怪人。然后，我上网订了一本名为《非跑步者的马拉松训练师》（*The Non-Runner's Marathon Trainer*）的书。

幸运的是，我的 3 个朋友愿意和我一起参加超级马拉松，他们是詹姆斯·希尔（James Hill）、阿丽莎·安德勒（Alisha Anderer）和法维安·瓦伦西亚（Favian Valencia）。我们几个人称自己为"超级朋友"。

最后我们都跑完了超级马拉松。尽管我不能代表我的超级朋友们，但说实话，我自己仍然不喜欢跑步。不过，你知道我是怎么做的吗？我不仅遇到了那个能跑超级马拉松的人，还变成了他这种人。从那以后，我的生活变得更好了。当你对你尊重的人们做出公开承诺时，放弃就不在你的选项之中了。

创造人生奇迹

使命促成多个重要目标的实现

我在卡特扣公司的另一位前同事约翰·伊斯雷尔（John Israel）也是我的朋友（我知道，如果没有卡特扣公司，我不会有任何朋友），他的例子很好地证明了完成一项使命可以促使我们实现多个重要目标。

约翰也被我称为"感恩先生"，他的使命是每次送出一张感谢卡，以此来将地球上的感恩水平提升1%。在致力于完成这项使命的第一年，他开始每天手写5张感谢卡，并且把这些卡片送给不同的人，一年最多可以给任何一个人寄出3张。有趣的使命，对不对？

他实现生活中其他目标的方式也很有趣。他所有的其他目标都要透过他的感恩使命的滤镜来观察。正是采用这种方式，他在那一年取得了十分巨大的成就。

他有了一个孩子，开始到全美国各地旅行，并且集结了一群有着共同志向、希望成为"奇迹专家"的爸爸。他的人际关系网迅速扩大，最终他在卡特扣公司度过了自己最好的一年，实现了手写并寄出1 825张感谢卡的使命，创下了44.5万美元的可观年销售额。

通过对世界表达更多感恩，他最终得到了很多值得感激的东西，这帮助他在那一年实现了几乎所有其他目标。

我知道，我们已经讨论过怎样辨别和决定某个单一目标，以此作为你的首要目标，也就是你的使命。但是，这并不意味着你人生中的其他目标都要被抛在后面，只是意味着你的使命需要放在第一位。一旦完成了使命，你就可以处理任何你想要完成的其他目标。

> 当你对你尊重的人们做出公开承诺时，放弃就不在你的选项之中了。
>
> ◂ ◂ ◂ THE MIRACLE EQUATION

如果你还记得，在我将自己最优异的年销售业绩翻了一番的那一年，我也实现了几乎所有其他的目标。设定唯一的使命，将迫使你安排事务的优先等级，每次只专注于一个目标，以便决定什么是最重要的，这比起床后开始做你认为最容易的事情有效得多、快得多。事实上，当你专注于某个目标时，实现多个目标会容易得多。

现在，我已经阐述了目标的真正意义以及如何选择你的使命，接下来的两章将更深入探讨你成为一名奇迹专家必须做出的两个决定，它们将使你的最重要目标从也许实现变为可能实现，并最后变成必然实现。假如你觉得全身心地投入某个如此重大的目标会让你感到不可思议，你可能要将下面的内容读两遍才行。

第 7 章

THE
MIRACLE
EQUATION

第一个决定：
坚定不移的信念

想要放弃？你必须反复学会相信自己

正是因为缺乏信念，人们才害怕面对挑战，而我相信自己。

穆罕默德·阿里（Muhammad Ali），美国著名拳王

你知道吗？苏斯博士（Dr. Seuss）的第一本书曾经遭到了 27 家出版商拒绝。但在那之后，他出版了 60 多本励志书，全球总销量超过 6 亿。

贝比·鲁斯（Babe Ruth）三振[①]达到 1 330 次，同时却保持着本垒打的纪录。他被认为是有史以来最伟大的棒球运动员之一。

文森特·凡·高（Vincent van Gogh）生前只卖出一幅画给一位朋友（因为其他人不肯买他的画），但他仍坚持着绘画。到他去世时，他已经创作了 800 多件画作，如今每件作品价值数百万美元。

集编剧、演员、制片人和导演于一身的泰勒·派瑞（Tyler Perry）在他创作的第一部戏剧失败时耗光了所有资金（他的启动资金其实也并不多）。他没有被吓倒，而是勇敢前进，重整旗鼓，继续筹划这部戏剧，有时候还住在车里。他花了 6 年的时间，最终这

①指棒球运动中的三击未中而出局。

部戏剧大获成功，他的事业也得以持续快速发展。如今，他的净资产已攀升至数亿美元。

华特·迪士尼（Walt Disney）曾被一家报社解雇，因为他"没有好主意"，不过，这发生在他创办有史以来最具创造力的公司之前，也就是迪士尼公司。

猫王埃尔维斯·普雷斯利（Elvis Presley）曾在大奥普里剧院（the Grand Ole Opry）试镜，之后考官告诉他，他应当回到卡车司机的工作岗位上。他没有理会，继续钻研音乐，最终成为音乐偶像。

乔丹在加入芝加哥公牛队并成为篮球偶像之前，曾被高中篮球队除名。

在着手为这本书做研究之前，这些故事中有的是我以前听过的，一些是我并不了解的，但我觉得它们都很有趣。苏斯博士保持着写作。鲁斯一直在球场上奋战。凡·高坚持着作画。派瑞始终想着东山再起。迪士尼一直在想象。猫王不停地歌唱。乔丹不断地投篮。

为什么他们还在继续？他们中的许多人都是努力多年之后才取得成功，有些人甚至在追求成功的过程中陷入了财务困境。

他们中的每个人都在某个时候不得不面对我们所有人都曾遇到过的自我怀疑。为什么当他们一次又一次遭遇失败时还能够坚持下去？也许更好的问题是，他们是怎么坚持下去的？

我能想到的对他们所有人来说唯一正确的答案就是他们一直保持着坚定不移的信念。

奇迹公式包含了两个必须在很长一段时间内确立和坚守的决定：坚定不移的信念与非同常人的努力。如果你选择继续前进，这两个决定能从根本上增大你成功的可能性。它们不能保证你成功，也无法用魔法召唤任何神奇的力量来得到你想要的结果，但它们比神奇的力量具体得多。

正如上面提到的每一位奇迹专家例证的那样，正是通过确立和坚守信念，你才能实现目标，从而促使你采取行动。你采取的行动越多，成功的机会就越大，你的能力和效率也就越高。当你朝着自己下定决心想要取得的结果前进时，对你来说，原本"也许"能做到的事情就开始变得"可能"做到，随着时间的推移，"可能"做到的事情最终就会变成"必然"做到。到那个时候，你就会创造生命中的奇迹。

我从这些故事中悟出的道理，希望你也能感悟到，那就是成功几乎绝不会自动降临到你身上，同时，追求成功也没有捷径可走。坚持下去的唯一办法就是坚守信念。如果有些人让挫折遮住了他们的眼睛，动摇了他们的信念，他们便到达不了事业的顶峰。在远未获得成功之前，他们心中的信念就为他们正在付出的努力提供了动力。他们下定决心要保持清晰、勇敢和坚定不移的信念。在这一章中，我们将讨论如何培养坚定不移的信念，并将其付诸行动。

奇迹专家的品质：有意识地坚守信念

信念有点难以捉摸。它很难获得，因为就其本身而言，它并不需要被证明。因此，信念给人的感觉是无形的，也许还会让人感觉不是那么值得信任。很多人谈论信念时，通常是在发生了不好的事情的背景下。"我们要相信，这件可怕的事情会发生是有原因的。"我们总听到别人这样告诉我们，或者"我坚信事情会有所好转"。我猜想这种信念会让你一时好受些。有的时候确实如此。

不过，我说的不是这种信念，而是指你的能力范围内的信念，也就是说，你坚信自己具备克服自身面临的任何困难，进而创造具体的、可衡量的奇迹的能力。乍一看，这给人的感觉仍然是无形的——而且不那么值得信赖。

事实上，坚定不移的信念，也就是 50% 的奇迹公式，是不符合人类怀疑主义的天性的。坚定不移的信念并非与生俱来，不是深埋在我们内心的。它不是一种感觉，相反，它必须在做决定的那一刻被我们有意识地建立起来，然后经过一段时间的积极培养与坚守。每一个具体的、可衡量的奇迹，都始于某个人对奇迹是完全有可能的、是具备真实存在可能性的坚定信任。这种信念会随着非同常人的努力而保持下去，直到奇迹成为现实——不管需要多长时间。做出保持坚定不移信念的决定，好处之一是能让你克服所有消极的自我对话，进入大多数人从未体验过的思维模式。

要明白，坚定不移的信念是所有奇迹专家做出的第一个决定，而且他们将在一生中继续做出这个决定。他们通过有意识地反复做这个决定，使之成为他们看待所有挑战和机遇的基本思维模式。人们描述任何一位取得卓越成就人士的思维模式时，有时会用其他术语来描述其坚定不移的信念，比如非凡的自信、至高的信心或者不变的信念。不管你怎么称呼它，你遇到的奇迹专家可能都具备这种思维模式。

我第二次经历"死亡"的那一年

我不确定为什么我的生活不止一次地遭受考验，不过我了解到，我们一直都有能力选择自己的心态，即做到真诚的快乐、感恩和乐观，即使我们身边的世界正在崩塌。通过做出这样的选择，我们可以保持清醒，从而将外部世界与我们的内心世界重新连接起来。

我最近一次运用奇迹公式的经历无疑是最艰难和最值得的。严格地讲，奇迹公式救了我一命。2016年10月的一个平常的夜晚，我半夜醒来，大口喘气。因为感到呼吸困难，所以我的喘气声很大，吵醒了我的妻子厄休拉。

她问道："你还好吗？怎么了？"

"我不知道。"我又喘着气说，"我呼吸困难。"她立刻帮我支起几个枕头，让我松口气，以便重新入睡。我们商量好了，第二天一早我就开车去看急诊，最后，我在床上坐直身子打起了瞌睡。第二天，我走进我们当地的急诊室，希望那里的医生能找出问题所在。我被诊断出患有肺炎，医生给我开了一包阿奇霉素（抗生素），他说希望能对我有所帮助，但它对我毫无帮助。

在接下来的几周里，情况变得更糟了，以至于我每隔一天就要到急诊室检查一次，抽干我左肺中的水，因为它一直在衰竭。每次治疗都极其痛苦。在这整个过程中，有一个步骤就是用一根大针穿过我的胸腔后部，以吸出大量多余的液体。在那段时间，医生累计从我的肺里抽出了11升液体。然而，即使每次都抽，还是无法使我获得持久的舒缓。每次抽出液体后，过段时间我的左肺又会再度充满液体。每天晚上，我都因为呼吸困难而难以入睡。医院将我从一位专家处转到另一位专家处治疗，以试图确诊是什么原因导致我的肺不断衰竭，但没有人知道答案。直到我见到伯克利医生。

伯克利医生为我安排了各种检验和扫描，我忍受了所有这些。第二天，他的执业护士打电话给我，口气中带着一种紧迫感。她说，伯克利医生希望尽快见到我，看一下我的检查结果。终于，我似乎将获得答案，于是跳进车里，回到了伯克利医生的办公室。我坐在他的办公室里等着他进来时，松了一口气，因为我马上就能发现自己到底出了什么问题，为什么几乎两周都无法正常呼吸了。伯克利医生进来了，他坐在我的对面，开始查看我的检查结果。最终的检查结果与他的初步诊断一致，他说："哈尔，这看起来像是某种癌症。"

癌症？不会。我想那不可能。我不会得癌症。

几年前，我看了纪录片《由内而外治愈癌症》（ *Healing Cancer from Inside Out* ）。我一直在阅读健康方面的书，比如《中国健康调查报告》（ *The China Study* ）和《吃得好才能最健康：食物、饮食和营养的基本指南》（ *Eating Well for Optimum Health: The Essential Guide to Food, Diet, and Nutrition* ）。因此，在被诊断出癌症之前的六年里，我一直过着我认为是"抗癌"的生活方式。到我 37 岁时，我已经坚持了十多年的以有机植物为主的饮食，其中含少部分纯草食和高质量的肉类，不含任何激素。我还经常锻炼，每天冥想。我真的很开心，并且积极地把压力保持在最小水平。除了偶尔喝点啤酒外，我没喝过过多的酒。我和厄休拉甚至把家里所有的有毒化学物质都清除了，家里的架子上只有天然的、不含有害化学物质的洗发水、牙膏、除臭剂和清洁剂。你甚至可以说我们是现代的嬉皮士了。

就这样，我从附近的另一家医院得到了第二份诊断意见，接着又从得克萨斯州休斯敦市的 MD 安德森癌症中心（MD Anderson Cancer Center in Houston）获得了第三份诊断意见。在那里，医生们很快发现，不仅我的左肺衰竭了，我的肾脏和心脏也濒临衰竭。虽然我在那里是为了确诊自己是否患了癌症，但很快我就发现自己躺在了担架上，护士们冲进急救室，告诉我说，他们必须将我肺部的液体再吸一袋出来，只是这次是围绕着我的心脏来吸。这些液体的厚度达到 1/8 英寸，急救室的医生告诉我，如果液体再累积 1/8 英寸，我的心脏就会停止跳动，他们将不得不进行开胸手术。

我简直不敢相信。我吓坏了。情况越来越糟糕。

医生解释说，为了吸出液体，手术医生必须把一根大针插入我的胸腔，刺穿离我心脏只有 1/8 英寸的液体囊，他们会尽其所能地防止针头刺入我的心脏。手术前，我必须完全清醒，并且必须签署一份免责声明，声明如果他们不小心刺伤了我的心脏，导致我心跳停止，我不能起诉医院。我吻了吻正在抽泣的厄休拉，拥抱了我的父亲，然后由两个穿着橄榄绿手术服的男人推着进了手术室。

15 分钟后，手术结束了。我的心脏没有受到伤害，也没有做开胸手术。然而，对接下来的一年来说，我的生活才刚刚开始。我们还是得弄清楚是什么导致了我的器官衰竭。我无法理解。我怎么会在几天之内就从健康变成濒临死亡了呢？

MD 安德森癌症中心的专家们很快诊断出我得了一种非常罕见的、极具侵略性的癌症——急性淋巴细胞白血病（Acute

Lymphoblastic Leukemia，简称 ALL）。这种病非常罕见，我之前去过的两家医院都没有专业设备来确诊它。急性淋巴细胞白血病极具侵略性，以至于大多数死于该病的患者都是被误诊而最终死亡，就像我在医院急诊室时那样。这种病的恶化速度极快，所以，当大多数受害者发现他们原来是得了这种病时，已经太晚了。即使得到了正确的诊断，痊愈的概率仍然非常小。患有急性淋巴细胞白血病的成年人的预后（prognosis）存活率为 20% ~ 30%。对于任何一位心态悲观的人来说，这句话在他们心里可能就会换一种说法，即"你会死亡"的概率是 70% ~ 80%。我最可怕的噩梦之一就是当时我面临的现实——我的妻子失去丈夫，孩子们失去父亲。事态不容乐观。

MD 安德森癌症中心的进一步检验表明，我的癌症包含一种名为 NUP1 的罕见细胞突变。这种突变与急性淋巴细胞白血病的结合极其罕见，以至于没有人公开过这类患者的存活率。这样一来，20% ~ 30%的存活率便成了我最大的希望，但一位白血病医生告诉我，我的存活率可能只有 10%。当我用谷歌搜索"带有 NUP1 突变的急性淋巴细胞白血病"时，我在第四页才找到对应的搜索结果。根据我的研究结果，这个星球上没有哪位医生或执业医师能够成功治愈我的癌症。

我深爱我的妻子。两个年幼的孩子也是我的心头肉。我还要领导一个全球性的"早起的奇迹"社群。假如我现在就死去，我失去的会比以往任何时候都多。到目前为止，癌症是我遇到过的最可怕、最具潜在破坏性的敌人。没有明确的治愈之路，我该怎么办？

我做的第一个有意识的选择是通过完全接受自己罹患癌症这个

现实来充分利用情感无敌。我没有抗拒，也没有寄希望自己得的不是癌症，因为那样做会让我产生错觉，并且这毫无意义，只会让更多的情感痛苦持续下去。我不是拒绝承认我的现实并寄希望它与实际不同，而是有意识地选择无条件接受，这既使我能够平和地对待诊断结果，又给自己创造了将所有思想和精力集中在我想要的结果而不是我害怕的结果的空间。可以说，癌症是我新的轮椅，就像我遭遇车祸后一样，我决定在与癌症抗争、面对未知的未来时，做一个最快乐、最感恩的人。

"我不仅会战胜癌症，还会活到 100 岁"

我一想到医生给我的诊断结果，就很清楚地知道，我不能把自己的时间主要用于考虑我有多大的统计概率会死去这件事上。我知道那样只会触发我的压力反应，在你试图治愈病症时，压力反应对你是没有帮助的。

我确定恐惧不会吞噬我的抗癌之旅。患了癌症固然会让我感到不高兴，但我也不会让恐惧助推癌症杀死我。我必须做些什么来增大我的生存概率，将这些概率从也许增大到可能，而且最重要的是，将其最终变成必然。

我立刻想起了奇迹公式。这是我从无数的经历中了解到的一样东西，它可以克服困难，创造非凡的结果。当医生说我再也不能走路时，奇迹公式帮助我迈出了第一步。当我试图打破销售纪录时，奇迹公式发挥了作用。事实证明，它对我教过的每一个人都是有效和可靠的。纵观世界上一些最有成就的成功者，我们会发现这个公式贯穿着整个人类历史，亘古不变。所以，我做的第一件事就是唤起自己坚定不移的信念来消除恐惧。

现在，我并没有走极端地心想自己可以坐下来，被动地保持这样的信念：我将成为急性淋巴细胞白血病患者中 30% 幸运儿的一员，他们最终战胜了这种疾病。相反，在尝试着将那 30% 变成 100% 的过程中，我承认了自己的害怕，然后有意识地做出了选择，坚守这样一种坚定不移的信念：不管发生什么，我都会活得长久、健康……没有其他选择。我也对自己承诺，我会付出非同常人的努力，尽我所能让自己活下去。

我用坚定不移的信念聚焦摆在我面前的各种可能性，而不仅仅是死亡。我决定不让这些数据限制我。我不仅下定决心要战胜癌症，而且决定活到 100 岁。我开始想象和家人一同庆祝我 100 岁生日的情景，到那时，如今刚上小学一年级的女儿已经 70 岁了，如今刚上幼儿园的儿子也已经 67 岁了。在我看来，我就是没有其他选择。尽管弄清楚怎样才能活到 100 岁并不是那么简单。

首先，我面临的主要挑战是决定接不接受医生建议的治疗：环磷酰胺、长春新碱、阿霉素和地塞米松强化疗法（Hyper-CVAD）。要知道，我是"纯天然"的拥护者。这种治疗方法的理念是将化疗药物注入我的身体，但这是一种剧毒毒药，目的是在癌细胞杀死患者之前杀死它。可以说，这种治疗理念违背了我生活中所有与健康有关的理念。

其次，Hyper-CVAD 化疗是现存的最强烈的化疗方案之一。虽然化疗药物和治疗方案各不相同，但许多癌症患者的治疗方案都是每月去医院一两次，每次一两小时。仅这一点，就会使大多数患者因副作用而患病。

最后，Hyper-CVAD 化疗由 4 ~ 5 种化疗药物（疗程 A 和疗程 B）的两种组合组成，分别在 4 ~ 5 天内给药，总计住院化疗时间超过 650 小时。化疗的毒性太大，会对我的静脉造成永久性的伤害，所以我必须通过经外周静脉穿刺中心静脉置管术（Peripherally Inserted Central Catheter，简称 PICC）进行化疗。PICC 管是安装在我手臂上的一根管子，它穿过我的静脉，将化疗药物输入到我的动脉中。Hyper-CVAD 化疗必须给予更小的剂量，以尽量减少副作用。此外，服用各种不同的药物，还会产生严重的危及生命的副作用和并发症，需要医院内的医疗专业人员进行细致的监管。

事实上，当我得知我本应服用的一种药物具有许多威胁生命的副作用，其中之一就是引起白血病时，想想我有多绝望吧。什么？将注射到我的静脉之中用来治疗急性淋巴细胞白血病的其中一种所谓药物，居然还会引起白血病？

我们的目标是在尽可能短的时间内完成尽可能多的（或必要的）疗程，以试图在癌细胞杀死我之前将其杀死。医生告诉我，每个疗程的时间长短，某种程度上取决于我上一个疗程以来身体的恢复状况。换句话讲，化疗对我身体的伤害程度，将决定我能够以多短的时间间隔接受更多化疗。

如果说化疗会对你的身体造成破坏（其实，所有化疗都这样），那么，我做的这种化疗将对身体造成最大的破坏。有些患者实际上就是死于这种治疗，而非死于癌症。在你认为你在服用一种药来拯救你的生命，实际上在这个过程中它却在杀死你，这种想法真是太疯狂了。我们唯一能希望的就是治疗能首先杀死癌细胞，而且患者的身体能足够强壮，挨过杀死癌细胞的这段时间。

我确信你可以想象出这个决定对我来说具有多大的挑战性。这种治疗方法本身就有生命危险。我会因为我们都希望能救我一命的治疗方法而死去吗？最重要的是，我坚信不能将任何有害的东西引入我的身体。这完全违背了我的生活方式。我不禁想一定还有更好的办法。

很快，世界上最好的白血病肿瘤学家之一、MD 安德森癌症中心的伊莱亚斯·贾布尔（Elias Jabbour）医生担任了我的主治医生。妻子厄休拉和我首次与贾布尔医生在他的办公室见面时，我坐在妻子身边，感到茫然和害怕。我们手拉着手，向贾布尔医生表达了内心的担忧，并问他是否会支持我采用自然方法治愈癌症。

他的回答让我猝不及防。他告诉我，虽然他很欣赏我希望采用自然方法治愈癌症的想法，但并非所有癌症都能给我这样的选择。他解释说，我的身体中并没有长得慢的肿瘤，并且指出一周前我还很健康，现在肺、心脏和肾脏都濒临衰竭的事实。他向我保证，如果不迅速进行 Hyper-CVAD 化疗，我将在几天内死去，最多不超过一周。厄休拉哭了。她紧紧地握着我的手，以至于我都忍不住蹙眉。

尽管我出于明确的原因不喜欢肿瘤医生的解释，但这也让我怀疑他的动机。我刚刚认识这个人，所以不了解他内心的想法。

这是恐吓策略吗？我不确定。我内心的疑虑越积越多。我问贾布尔医生能否给我们 24 小时讨论我们的选择。尽管很不情愿，他还是同意了。

那天晚上，厄休拉和我翻遍了谷歌，想弄清楚一些事情。我拼命寻找证据，证明我们可以从整体上解决这个问题，但我们没有找到这种方案。事实上，我们搜到的所有内容，都证实了贾布尔医生完全是实话实说。如果不立即开始化疗，我活下来的机会就很小。而如果真的开始治疗，我的存活率也只有 10%~30%。

作为最后的努力，第二天早上我刚一醒来，就给世界上最好的癌症治疗医生打了个电话，他恰好就在休斯敦。他曾为数千名癌症患者进行治疗并治愈了他们，其中包括苏珊娜·萨默斯（Suzanne Somers）等名人。我满怀着希望。

我在电话里告诉这位医生的护士，说我得了急性淋巴细胞白血病，而且还出现了 NUP1 突变，护士让我先别挂电话，以便把我的诊断结果告诉医生。1 分钟后，护士回来告诉我说，她很抱歉，她的医生没有治疗这种癌症的经验，无法帮助我。

你可以想象我在想什么：如果世界上最好的整体治疗癌症的医生也无法帮助我，再加上我读过的所有文献资料都说，假如不开始进行 Hyper-CVAD 化疗（但是，Hyper-CVAD 疗法的副作用之一是可能导致白血病），这种癌症将在几天之内将我杀死，我该做些什么呢？我没有明确的答案。

妻子和我躺在离我们家和两个孩子 170 英里远的酒店房间里，最终做出了一个艰难的决定：开始进行 Hyper-CVAD 化疗。我给贾布尔医生的办公室打了个电话，1 小时后，我坐在了医院的病床上，手臂上安装了 PICC 管子。

虽然我那时开始做了无数次的祷告，但最初的一些祷告却完全是出于真正的好奇：我已经死过了一次了，为什么这种癌症还是发生在我身上？我还能从另一个重大的逆境中学到什么？答案正如我后来发现的那样，我学到了很多。

坚守信念，才有能量付出非凡努力

接下来的一年，我住在三个不同的地方：要么住在 MD 安德森癌症中心的医院，要么住在我为了治疗后的康复而在医院附近租的一间公寓里，要么偶尔回家和家人在一起。

说到家人，我的护理工作成了全家人都在努力做的事情。我父亲是位成功的高管，他抛下了自己的事业，放下一切搬来和我同住，成为我的主要监护人。他带我去医院治疗，在我接受化疗的时候陪我坐着，每当我体温升高时，他都拼命带着我赶往急救室（接受化疗时的感染可能是致命的，因为免疫系统会变得非常脆弱）。我母亲和姐姐跑遍了全美国各地，要么和我一起住在医院里，要么在妻子陪着我时帮忙照顾着我的孩子。

虽然家人们都主要在医院及其周边对我进行护理，但在我看来，我那意志坚定的妻子厄休拉承担了最艰难的工作。在我接受治疗期间，她有时候开车去休斯敦陪我，有时候还要回到 170 英里外位于奥斯汀的家里，努力为孩子们营造一种正常的感觉。在患癌之前，我还经常在家里帮着照顾孩子，但一夜之间，这些重担全都落在了厄休拉身上，她俨然成了一位单身母亲，还要面对失去我的心理压力和无尽恐惧。我无法用言语来表达我对家人的感激之情，尤其是对厄休拉。

在这段艰难时期，让我保持理智的是我始终坚守的信念。当你手头拿到和我一样的统计数据时，当你活下去的机会像我一样渺茫时，你首先要想到的就是信念。我们必须有意识地下定决心保持坚定不移的信念，不论统计数据显示怎样的情形，也不论我们面临多大的艰难困苦。做出并坚持这样的决定，能帮助你不受那些统计数据的影响，并且使你成为那些坚持不懈克服困难的少数人。

与许多人所想的相反，坚守信念并不是将自己局限于盲目追随他人的信仰和教导中。相反，它指的是对你自己有信心，并且承诺付出非同常人的努力，尽一切可能实现你的理想结果。

我心目中的理想结果就是整体治疗方法。除了接受贾布尔医生和 MD 安德森癌症中心提供的最先进的医疗护理，我还立刻去寻找着最有效的和已经获得证明的整体治疗方法，也就是说，我需要将我的体内因化疗而带来的毒素排出去，增强我的免疫能力，并且在体内营造一种抑制并杀死癌细胞的环境。这包括以植物为主的饮食，喝新鲜的有机蔬菜汁，每天摄入 70 多种天然补品。我还每周做针灸和臭氧桑拿，做咖啡灌肠，每天两次使用一种叫 BEMER 垫子的设备，服用大麻二酚（CBD）油，进行冥想、祈祷、锻炼，诵读与癌症有关的自我肯定宣言，等等。我做过的研究，加上由此而采用的整体治疗方法，就是我付出的非同常人的努力。

在经历了人生中最困难、最痛苦和最撕心裂肺的 1 年之后（这其中我进行了超过 650 小时的化疗，许多个夜晚在急诊室度过），我非常感激地告诉你，我最近收到了一个新的诊断：我到了"癌症缓解期"。这意味着医生们在我体内检测不到任何癌细胞了。是的，我不得不忍受一些痛苦的副作用。是的，我害怕死亡，害怕离开我的妻子和孩子。是的，我很多时候怀疑自己，想要放弃。但是，我相信我能比大多数人更好地应对所有这些，因为我积极地保持坚定不移的信念，在抗癌之旅中的每一步都是如此。即使在最糟糕的治疗期间，我的医生也对我保持的积极乐观态度感到有点震惊。

最重要的是，我活了下来，现在，我能够坚守我的承诺，和家人一起健康而长久地生活下去了。

❤️创造人生奇迹

治愈生命的奇迹公式

不久前，我还在考虑写这本书的时候，就给"早起的奇迹"社群（脸书社群）写了一封信，询问是否有人可以和我分享关于"奇迹公式"的故事。结果我收到了很多鼓舞人心的故事，包括我将要分享的这个。我特别喜欢这个故事，因为它与我自己的抗癌之旅有许多相似之处，证明了这个公式对每个人都适用。

蕾切尔·哈里斯（Rachel Harris）被诊断患有癌症时首次知道了这个奇迹公式。她当时 38 岁，肠癌的癌细胞已经扩散到肝脏和淋巴结，医生告诉她，她的癌症不能动手术。

她接受了姑息性化疗[①]（palliative chemotherapy）。作为两个孩子的母亲，她拒绝接受这种预后，并致力于将奇迹公式应用到自己的生活中。根据蕾切尔的说法："我们靠这个公式生活和呼吸。"

奇迹就此出现。尽管医生的预测很糟糕，但经过一轮化疗后，蕾切尔的肿瘤缩小了，突然可以手术了。她继续保持着她的坚定信念，用非同常人的努力过上幸福生活，并且长久地活下去。她改变了自己的饮食，吃很多补品，每天早上冥想，保持健康，并且尽可能多地研究如何治愈自己的身体。她还说："这个奇迹公式为我的抗癌之旅奠定了基调，我将永远依靠着这一公式生活。我想它很可能救了我的命！"

如何找到信念之源？

在我最近一次使用奇迹公式创造具体的、可衡量的奇迹（战胜癌症）的经历中，可以说我有一个优势，因为我过去曾经多次使用这个公式，也曾目睹其他人使用它。我了解它是如何运作的——更重要的是，知道它是管用的。所以我坚持了下来。我可以运用内心坚定不移的信念。但如果你还没到那一步，也别担心，你可以从很多地方借用它。

如果你看过《早起的奇迹》这部纪录片，那你一定知道里斯

---

① 姑息性化疗是指对已失去手术和放疗时机的晚期肿瘤，或肿瘤不能切除，或对放疗不敏感，为缓解症状和延长生存期所进行的化疗。

特·拉特莫（Rister Ratemo）的故事。自她 14 岁失去视力后，她一直坚信她的眼睛会治愈，她的视力会恢复。之后，她用自己的信念来支持非同常人的努力，从肯尼亚的家中飞到了美国的一家诊所，完成了第一次手术，并累计进行了六次手术。拉特莫的努力之所以不同寻常，其部分原因是尽管她几乎失明，但她别无选择，只能独自旅行，在肯尼亚文化中，移植别人身体上的器官是一种禁忌，而她的手术涉及角膜移植。拉特莫找到了她对宗教的信仰。如果你能从宗教或灵性中找到安慰，并且充分利用这些资源，也有助于保持坚定不移的信念。

宗教和灵性是坚定不移的信念的外部来源之一，但是信念还有很多来源，也就是说，你还可以从许多别的地方寻找。通常，教练或导师是坚定不移的信念的好的来源。想一想电影《黑客帝国》（*The Matrix*）。还记得吧，劳伦斯·菲什伯恩（Laurence Fishburne）扮演的角色莫斐斯不断地告诉基努·里维斯（Keanu Reeves）扮演的角色尼欧，他就是他自己苦苦寻找的那个人。到最后，尼欧也相信自己确实是那个能够充分发挥所有潜力的人。同样地，当你相信你就是那个和地球上其他任何人一样值得、有价值、有能力的人时，你就能充分释放自己的无限潜力。

同样的道理，以前我对自己缺乏信心，直到我从自己在卡特扣公司遇到的第一位经理莱文那里学到了"五分钟法则"。莱文相信我有能力打破卡特扣公司的各种销售纪录。从我们见面的第一天起，他就相信我能做到公司员工以前从未做到的事情。

起初，尽管听他说那些话会让人感觉很好，但我不相信他说得对。我一生的不安全感和自我怀疑使我从内心深处不相信自己拥有的无限潜力。虽然莱文认为我无所不能，但他其实并不知道我害怕失败。不过，由于莱文对我坚定不移的信任，我开始认为他说的可能是真的。

也许我真的有能力做好我想做的任何事情。最后，莱文对我的信任变成了我对我自己的信任，也就是在那时，我获得了创造非凡人生的内在力量。有时候你不得不借用别人对你的信心来帮助自己培养自信。

如果你担心自己找不到良师益友，请放心，你也可以从一个完全陌生的人那里获得坚定不移的信念。我指的是你从远处观察或研究过的人。这个人也许是某位刚刚赢得世界冠军的运动员，或者是像菲尔普斯这样赢得了很多奥运金牌的运动员。也许是一位取得了你渴望的成就的首席执行官或者一位白手起家的百万富翁。你可以读他们的书，追踪观察他们的成就，或者听他们接受媒体采访时说的话，以研究他们的心态，并了解他们的思维方式：

"我成千上万次地想象过这一刻的情景。"

"我在脑海中毫不怀疑我们会赢。"

"我工作这么努力了，如果还不是最优秀的，天理难容。"

从这些方面来思考，你会意识到这些冠军们，也就是奇迹专家们，在没有人看到的时候是怎样培养坚定不移的信念的。这就是他们成为冠军的心态。可以说，他们总是愿意接受新的挑战，因为他们相信自己能够成功。如果失败了，他们不会动摇内心的信念，因为他们相信自己会东山再起。他们从不回避机会，而是朝着这些机会奔去。

　　我永远不会忘记雷吉·米勒（Reggie Miller）在对阵尼克斯队时令人敬畏的回归，那是 1995 年，他运用奇迹公式，在 NBA 东部半决赛中仅用 9 秒时间就夺得了看似不可能得到的 8 分。这几乎是不可能的，即使有一些可能性，那也是微乎其微的。他的这一奇迹可谓"前无古人，后无来者"。

　　米勒是又一个在最后一刻到来之前始终保持坚定不移的信念并为之付出非同常人的努力之人。他相信自己能战胜困难，并且做到了。坚定不移的信念总是能够释放你内心深处的潜力，并且让你拥有曾经遥不可及的新的可能性。

　　如果你很难找到其他保持坚定不移信念的人们，你可以考虑从自己读过的书的作者那里借用。（当然你也可以从这本书开始。）我认为，我读过的每一本书的作者都是我的良师益友。虽然我和他没有见过面，但我还是向他学习着。

　　你可以相信这条普遍的真理：如果另一个人做了你想做的事情，那么他们的成就可以作为证据，证明你也能做到。如果世界上各行各业最优秀的人有意识地确立了坚定信念并在生活中秉持着这样的信念，你也可以做出同样有意识的选择。现在你可以开始了。

> 当你相信你就是那个和地球上其他任何人一样值得、有价值、有能力的人时，你就能充分释放自己的无限潜力。

◀ ◀ ◀ THE MIRACLE EQUATION

重复，重复，再重复你的奇迹口诀

一旦你决定透过坚定不移的信念这个棱镜来审视你的目标，那你就需要坚守这一信念。不过，这件事说起来容易，做起来难。哪怕是很小的障碍也会让你偏离轨道，更别说是让你面对感觉好像希望正在离你而去的生死抉择了。每当我们在前进的道路上遇到障碍时，我们都会越发自我怀疑。以我自己为例，每次化疗后生病时，我都感到虚弱，想要放弃，但我没有放弃。

我一直使用的一个让我专注于我的目标和坚定不移的信念的工具，我称之为奇迹口诀（Miracle Mantra）。你可能还记得我在第 2 章是怎样介绍它的："我致力于保持坚定不移的信念，我将卖出 2 万美元产品，并且在实现目标之前付出非同常人的努力，无论如何……没有其他选择"。这句口诀使我在偏离正轨、想要放弃的时候继续前进，这种口诀也可以对你发挥同样的作用。

奇迹口诀是个简单的句子，它浓缩了你对自己的使命的投入程度，并且提醒你长时间保持坚定不移的信念和付出非同常人的努力，奇迹就将成为现实。

在治疗癌症时，我无数次重复以下这句奇迹口诀："我致力于保持坚定不移的信念，我将战胜癌症，长久而健康地和家人生活下去，而且将继续付出非同常人的努力，直到我最终打败癌症。无论如何……没有其他选择。"通过反复吟诵这句口诀，我增强了内在的决心，继续与病魔抗争，继续付出非同常人的努力，尤其是在自己很想放弃的时候。

以下是创造你的奇迹口诀的基本模板：我致力于保持坚定不移的信念，我将（此处插入你的使命），并且将继续付出非同常人的努力，直到我最终达到此目标。无论如何，我没有其他选择。

花些时间写下你的第一条奇迹口诀：

奇迹口诀就是你的行动指南，你的北极星，你的提示器。它使你专注于你全身心投入的事情，并且盖过自我怀疑的声音。将奇迹口诀想象成你忠实的传声筒，敦促你将使命放在核心位置，放在优先位置，并且不断地提醒你：我全身心地致力于这一使命的完成，无论如何……没有其他选择。

既然你已经知道了如何确立和保持奇迹专家的心态，下一章将探讨奇迹公式的第二部分——非同常人的努力。我们将探索如何将奇迹变成现实。

第 8 章

THE
MIRACLE
EQUATION

第二个决定：
非同常人的努力

它没有你想的那么复杂和困难

在一切人类事务中，有努力就会有结果，努力的程度就是结果的衡量标准。

詹姆斯·艾伦（James Allen），著有《格局的力量》

我不知道你怎么看自己，我始终认为自己是个很懒的人。在成长的经历中，努力工作的想法对我没什么吸引力，所以我避免任何涉及"努力工作"的事情。我清楚地记得，每次和家人一起度假后，当其他人都在清理我们共同制造出的脏乱场面时，我就会从那里消失，躲到我的卧室里，直到其他人收拾完。如果有什么事情需要付出哪怕是普通的努力，这时你就会找不到我的人了。

不管面对什么事情，从学校作业到家务，再到我小学时期承担过的一些工作任务，我养成了一个习惯，那就是付出最少的努力，以避免承受任何重大的负面后果，比如被禁足或者被解雇等。懒惰成为我根深蒂固的性格特征。

随着年龄的增长，我想出了一些技巧和捷径，让自己可以相对轻松地完成必须完成的工作，这样就不会觉得工作很辛苦。我要么把工作任务当成一个游戏，通过同时完成多重任务来分散自己的注

意力，要么把工作交给我妹妹。有时，我可以鼓起足够的内在勇气
去完成某个更大的项目，但永远无法在工作任务短暂的最后冲刺阶
段坚持足够长的时间，所以我从来不觉得自己是个自律的人。我面
临的最大挑战，是我不知道怎样才能在自己眼里看起来比过去更好。

即使我一周工作 60 多小时，以求打破销售纪录（那是 19 岁时
的事）、每天凌晨 3:30 醒来写《早起的奇迹》这本书（那是 28 岁
时的事），或者跑人生第一次也是最后一次超级马拉松，每周跑 20
多英里（那是 30 岁时的事），我自己对自己的看法仍然是扭曲的，
我还是觉得自己是一个懒惰的人，设法欺骗自己在短时间内努力工
作。无论我做了什么，我还是认为自己是个懒孩子，而且一生都是
这样。这是一种潜在的"畸形"。我在每次短暂的活跃（付出巨大
努力）之后，又会回到旧模式，付出最少的努力来避免任何负面的
后果，就像我小时候做的那样。对我来说，唯一持续不变的事情就
是我的行动与我的最重要目标不一致。

然而，令人惊讶的是，这样的捷径和自我欺骗，过去和现在仍
然有巨大的价值，因为我发现，即使我是个懒惰的人，依然能够取
得显著的成果，达到我从未想象过的可能的成功（至少对我来说是
从未想象过的）。随着时间的推移，我越来越能够欺骗自己努力工作，
尽管时间很短，但我在自己眼里的形象开始从一个懒惰的人变成一
个自律的人。慢慢但也确定地，我开始逐渐改进我的形象，我发现，
我取得的成果和我的行动与最重要目标的一致性同时得到了改进。

那么，一个自称懒惰的人如何转变成一个自律、勤奋、能够不
断付出非凡努力并创造奇迹的人呢？即通过简化非同常人的努力，

让这种努力感觉不太……非同常人。

在这一章，我将简要地阐述，对我们做的每一件事情付出非同常人的努力到底意味着什么，同时我也将向你表明，即使你不喜欢自己做的事情，也要怎样让自己持续地采取行动，以便将奇迹公式付诸使用，并且开始在人生的各个领域体验奇迹。

非同常人的努力究竟意味着什么？

正如我们已经讨论过的那样，非同常人的努力是你执行奇迹公式必须做出的第二个决定。一旦你相信成功不仅是也许能实现的，而且对你来说也是可能做到的，你就必须采取必要的行动，使之成为必然能实现的。创造奇迹需要积极的参与和持续的努力。你得愿意花时间和精力去创造有意义的结果，这将转变你对自己的看法。但是，在你合上这本书之前，让我也解释一下，付出非同常人的努力并不意味着你要拼命工作，冒着让自己筋疲力尽的风险。事实上，恰恰相反，非同常人的努力意味着：

◎ 让你更接近理想结果的行动

◎ 很可能带着你走出舒适区的行动

◎ 长期坚持不懈的努力（不管这一路的结果如何）

这看起来并不可怕，对吧？现在让我们分别看看这三个部分。

让你更接近理想结果的行动将确保你不会把时间浪费在只会产

生短期效益或者影响最小的任务与活动上，因为这些任务与活动只会让你忙于应付，并且使你从真正重要的事情上分心。让你的行动更接近理想的结果，意味着你必须集中精力使行动富有成效。你采取的行动应当是激励着你的，而不是会让你疲惫的。它们应该有显著的影响，应当富有意义。本章会有更多关于这一点的讨论。

很可能带着你走出舒适区的行动才是你的成长所依赖的。如果你一直不停地做你已经做过的同样的事情，那你永远不会成为奇迹专家。刚开始的时候，走出舒适区总让人感到不安，但随着时间的推移，它会成为你新的常态，成为你新的生产力和努力的标杆。

长期坚持不懈的努力（不管这一路的结果如何）是把这一切联系在一起的黏合剂。一方面，如果你只走几步就放弃了，那你不会有任何进展。你得在很长一段时间内坚持下去。另一方面，你的这种一致性将使事情变得更容易解决。还记得你需要怎样走出舒适区吗？好吧，当你离开舒适区几周后，就不再感到那么不舒服了。当你扩大自己的舒适区时，也就增大了你的可能性。

让非凡成为习惯的 5 个步骤

大卫·奥斯本（David Osborn）是《纽约时报》畅销书《财富不等人：避开 7 个财务陷阱，部署 7 个商业支柱，今天就完成生活的审计！》（*Wealth Can't Wait: Avoid the 7 Wealth Traps, Implement the 7 Business Pillars, and Complete a Life Audit Today*！）的合著者，也是《早起的奇迹：有钱人早晨 8:00 前都在干什么》一书的合著者，

他经常说，成为富人只是一个选择。如果你选择研究富人，保持和他们类似的心态（信念），在一段持续的时间内模仿他们的行为（努力），就将获得类似的结果。当然，你也可以用任何对你来说重要的理想结果（变得快乐、健康，当个伟大的父母，等等）来代替"变得富有"这个目标。

如果你相信这是真的（我确实相信大多数人都这样），那么为什么不是每个人都富有呢？这是因为创造可观的财富需要付出非同常人的努力，而继续做我们已经在做的事情，则比做其他任何事情都容易。

无论你是否认为自己勤奋和自律，我们大多数人都宁愿付出尽可能少的努力来产生我们想要的结果。这样也很好，只要你能弄清楚哪些努力能确保你得到你想要的结果。

让我们来分析一下，你将如何规划哪些努力，而这些努力将确保你产生你想要的结果，并且使得非同常人的努力变得平常。

第 1 步：预先确定你的过程

一旦你确定了你的主要目标是发展成更有能力的自己，并且决心保持坚定不移的信念，认定你将实现这一目标，那么，你必须确定这个过程是怎样的。我们希望实现的每一个目标或结果都是由一个过程所引导和创造的，这个过程就是产生预期结果并最终为我们创造生活必需品的具体行动。

你每天最重要的任务是什么？如果你不确定这些任务应该是什么，那就做一些研究。在谷歌上搜索实现你正在努力实现的目标的步骤，或者在亚马逊上搜索你要研究的类别的畅销书。向导师或其他专家求助。如果你的过程的第一步是研究和找出这个过程应该是什么，这是可以的。

我在卡特扣公司工作时，决定要达到 20 万美元的销售额目标，树立目标后，我做的第一件事就是打电话给已经达到了这个目标的同事。我写了一长串问题，都涉及实现这一崇高目标的心理和情感方面，以及他们为了实现这个目标日复一日、周复一周地做了些什么。我想了解他们达到那种成功水平的过程。

采访了他们所有人之后，我意识到他们都有一个共同点：一致。他们没有从事任何与他们正在从事的不同的具体活动，也没有任何特殊的才能或销售技巧，只是简单地下定决心要拨打多少个销售电话、要安排多少场销售预约，才能使自己的努力与销售目标一致。所有的销售代表都是这样做的。取得非凡业绩的销售代表的与众不同之处在于，他们每天都坚持按事先确定的次数打电话，每周都进行销售预约，并且从不爽约。拿我自己来说，我会在冲刺阶段工作，挣到足够的钱后休息一段时间，享受我的劳动成果，而这些销售代表则坚持不懈，每天都在执行他们预定的过程，不管发生什么。突然之间，我觉得"成功者习惯于做那些不成功者只在有些时候才做的事情"这句俗话说得太对了。

当我发现了他们成功背后那些并不是那么光鲜亮丽的秘密后，剩下的就是按部就班去做了。我计算出为了达到销售目标需要安排多少场预约的销售演示，以预先确定我的过程，然后将这个数字转换成需要拨打多少个电话。我决定销售超过 2 万美元的卡特扣厨房刀具，所以，我每周要至少打出 200 个电话（每周 5 天，每天打 40

个电话），平均安排 14 场预约的销售产品演示，这样才会带来 10 次成功的销售，销售额接近 4 000 美元。

每天打 40 个电话也没什么了不起。我有多次都在一天之内就打了 40 个电话，但从来没有连续数天，天天都打出那么多个电话。事实上，在我突破 10 万美元销售额大关的那两年里，平均每天拨打 20 多个电话，每周工作五天。因此我能得到业绩突破并不奇怪。所以，这里的计算并不深奥：我打出的电话翻倍了，销售额就会翻倍，收入也就倍增。

打 40 个销售电话大约耗费我 2 小时，然后，剩下的就按照我安排的预约产品演示去做了。突然之间，这个让我害怕的目标似乎太容易了，要知道，在公司 50 多年的历史中，只有少数几位销售代表达到过。这是预先确定你的过程和让你非同常人的努力变得平常的强大力量。通常，我们的主要目标都宏大到令人望而生畏，但实际上实现它们的过程几乎从来都不是这样。其他一些例子包括：

◎ 减掉多余的体重总会有一个过程，包括锻炼和控制摄入的热量（也许还要弄清楚什么食物对你的身体最有效，以及什么时候食用最有效）。

◎ 如果你想实现经济上自由，只能通过致力于执行一个过程来实现，即保证你挣来的钱和省下的钱比你需要支出的钱多得多。

◎ 如果你想跑马拉松，你就必须在超过 26.2 英里的运动日来临前进行一系列训练，通常是在马拉松前的每天或每周跑完特定的距离。

◎ 如果你想出版一本书，那你就需要坚持不懈地保持写作。为了完成这本书，我就下过决心每天写 1 000 字，不管我是否喜欢（相信我，我并不总是喜欢）。

正如你理解的那样，过程不一定必须是复杂的计划，相反，它越简单越好。你要做的就是决定用什么样的过程让自己保持在完成任务的轨道上，然后全心全意地执行这个过程，并将其列入你的日程安排表。就是这样，你不需要多做，也不能少做。一旦你完成了当天预定的任务，这些任务将使你完成使命成为必然，如此一来，你就能够自由地在你的其他目标上取得进展了。

预先确定你的过程，只需问问自己这个问题：哪些活动，如果始终如一地进行，将使我的成功变成必然？

第 2 步：放下对结果的情感依恋

我们在过程之中不可能总是一帆风顺，总会有糟糕的日子，甚至可能连续几周都很糟糕。但是，尽管我们知道挫折不可避免，我们仍旧无法轻松地接受一路上的挫折。事实上，人类是情感动物，我们会在情感上依恋一时的结果，但情感依恋阻碍了我们保持全身心投入的能力，而只有全身心地投入，才能使我们迈上实现目标的道路。

对大多数人来说，没有完成设定的目标是令人沮丧、精疲力尽甚至万念俱灰的。但我们不一定非得这样不可。当你全身心投入到实现目标的过程之中，并且放下你对每日结果的情感依恋时，你的长期结果便会是无须一路感到沮丧，你的目标就会自然而然实现。以下是一些在现实生活中的例子：

1. 我一个朋友的目标是减肥。他制订了要限制热量的摄入、饮食以素食为主并且定期锻炼的计划。有一天，他打电话给我说："哈尔，我正在尝试你预先设定过程的方法。在过去的三周里，我每周锻炼 4 天，每天锻炼 30 分钟，但体重一点也没有减轻。事实上，我的体重还增长了 1 磅，我不明白为什么。我感到灰心丧气。"我让他检查一下他的身体脂肪比例，因为他很可能增加了肌肉，使得体重下降不明显，甚至不降反增。事实果然就是这样。三个月后，他的体脂率从 24% 下降到了 14%，这正是因为他每天都坚持着自己的锻炼计划。假如他因为体重秤没有显示出他希望的结果而放弃了减肥，他也就不会像今天这样健康了。

2. 几年前，我的一位客户的公司管理着全国最好的销售团队之一。他是一个习惯了取得卓越业绩的超级明星式人物。我为他提供指导时，他设定的目标是在一年内带领销售团队创造 130 万美元的销售额。在我和他的指导电话中，让我印象最深刻的一次是，那次他情绪低落、惊恐万分，因为就在我们打电话之前的几周里，他所在团队的销售业绩大幅下滑。他不断地回顾自己的年度商业计划，特别是年初所做的每周销售预测，很难理解为什么尽管他做了所有该做的事情，销售业绩却没有达到他的预期。

　　我告诉他，他对团队短期的、每天的结果的情感依恋，可能会使他不再相信实现自己目标的过程，因为他无法控制团队中的销售代表们每天的结果，至少不能直接控制。当然，他可以影响他们的结果，但就是无法控制。他无法控制那些接听销售电话的人的数量，也无法控制对方的心情。他无法控制哪些人与他的销售团队的个别成员进行了销售预约，或者没有进行预约，以及哪些人按照计划参加了已经预约的销售产品演示。他无法控制谁从他的销售代表那里买东西，给他们推荐别的感兴趣的潜在客户，诸如此类。

　　然而，他的情感与所有这些结果及更多的结果紧紧联系在一起。一旦他意识到他要做的就是确保团队的销售代表打好电话——这是他（或者他们）唯一能控制的事情，他的整个工作就改变了。他没有再允许自己的情绪和动机受到销售代表短期结果的影响。一旦他做出了这个决定，他就没有再从情感上依恋他的团队在某一天的销售额，甚至没有再因为他们是否达到了本周的销售目标而产生情绪波动了。

　　后来，他甚至在结果出现之前就接受了它（还记得我们探讨过的"无法改变现实"的对话吗？）。他开始重点关注和掌控大局，并且相信如果继续按照自己的过程干下去，也就是说，确保团队的销售代表在一段持续的时间内打完当天的销售电话，结果总不会太差，最起码能保持平均水平。当他意识到自己必须只专注于自己的过程时，我在电话中真切地感受到他的压力消失了。

3.我再举一个我自己的例子。《早起的奇迹》一书出版时，我除了采用普通人的方式来宣传推广这本书之外，几乎没有其他的资源。我没有宣传推广的平台，也没有庞大的电子邮件列表。我不知道有谁做过图书的宣传。所以我只有问自己宣传推广新书的最好方法是什么。在和许多作者交谈并进行在线研究之后，我决定将在播客上接受采访作为我的基本策略。我猜测听播客采访的人们与投资于个人发展的人们，应当是同一类型的人。这也是一个非常划算的策略，因为在播客上接受采访，只需花费你的时间而不需要花钱。

从那以后，我接受了 300 多次播客采访，制作了 200 节我自己的播客节目，我为它取名叫《实现你的目标》。我花了 18 个月接受采访，才再次卖出了这本书出版后第一个月

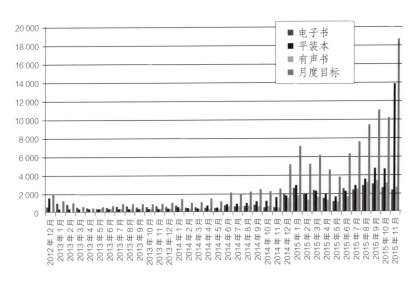

图 8.1 《早起的奇迹》销量动态图

卖出的数量。图 8.1 显示了不论短期结果如何，在一段较长时间内下定决心执行完成使命的过程的价值。

在那 18 个月里，图书销量与我在播客采访上投入的时间和精力相比，几乎不成比例。从这个图可以看出，2012 年 12 月到 2014 年 6 月，我并没有卖出很多书，这意味着我的努力在短期内并没有得到回报。假如我在情感上太过执着于短期业绩，那我可能永远都不会成功。但我相信这本书会改变人们的人生，所以我坚持执行过程。

最终，我对过程的全身心投入获得了回报。写作本书时，《早起的奇迹》的销量已超过 100 万册，其中有一半销量在美国，另一半则遍及世界各地 100 多个国家。这进一步证明，尽管实现重要目标需要花费的时间通常超过我们预期的时间，但只要我们保持坚定不移的信念，在一段时间内继续付出非同常人的努力，我们就可以创造奇迹。

第 3 步：为你的过程安排日程表

我们都知道当你买了一套新的运动服或者订购了一堆你感兴趣的书后，你看着它们在你房间的角落里沾满灰尘是一种什么感觉。或许我们太忙了，或许孩子们生病了，又或许某位客户导致我们要做的事更多了。生活中各种各样的事情都在发生着。

有一种方法可以帮助你确保自己一步步走完追求目标的过程，那就是把整个过程的时间表安排好，最好是设计成经常性的任务。你必须积极主动地安排每一天的时间，确定这一天怎么过，否则的话你就什么都不会改变。

拿出你的日历，无论是实物日历还是电子日历，写下或输入你每天追求目标的过程，包括具体的时间、步骤和你需要的支持。如果你正在为获得研究生学位而努力，那你可以专心地安排好每学期要修多少门课，并且留出学习和做作业的时间。如果你使用的是电子日历（我强烈推荐你使用它），那就做出经常性的时间预约，一般情况下不做更改。然后，你要做的就是按照日程安排表来做。

如果你想花更多时间和孩子们在一起，那就把这些时间安排到日历上吧。如果你的目标是为自己创造更多的自由时间，那你也要逐一安排好。最重要的是，不要让任何事情与这些已经安排好的时间相冲突。保护你经历这个过程和完成这些任务所需的时间。以这样的方式，你将确保自己的使命从"也许"能完成发展到"可能"会完成，再发展到我们都追求的："必然"完成。

我意识到这可能听起来有点过火，就好比我把你的手握得太紧，对你控制得太多了。但我发现，假如某件事不是足够重要，导致你没有将其列入时间表，那么，它很可能就不会发生。至少不会持续不断地发生。

如果你觉得在本来已经排得满满当当的日历里再增添一些任务会让你不堪重负，那就去评估一下你每天有多少剩余时间吧。看看你能在哪些方面更高效，或者，把那些不太重要的活动替换成那些对完成使命至为关键的、能让你达到目标的活动。也许你可以利用某种相对便宜的送货服务来完成你的任务（其中大部分可以在你的智能手机应用软件上完成），比如 Instacart、Amazon PrimeNow 等应用软件。或者很多的外卖服务，包括 Uber Eats、Favor、Grubhub 和 DoorDash 等。

我使用所有这些服务（以及更多其他服务），以便将腾出的更多时间花在最重要的事情上，去完成我的使命和其他目标。或者，你可以放弃 1 小时的看电视时间来和孩子们一同玩耍。或者，你也可以提前 1 小时起床，以便创办你的新企业。当你不仅清楚你要采取哪些行动、什么时候行动，而且把它们写进你的日程安排表时，会更容易达成目标。

第 4 步：用责任感来保护你的成功

你比任何人都更了解你自己。那么，你认为自己需要下定什么样的决心，并且坚守这种决心，来一步步地经历你完成使命的过程？你是一个相当独立的人吗？一旦你下定决心去做某件事，你会不会坚持到底，不管别人是否让你负责？如果你是这样的，那你就可以很好地执行奇迹公式。然而，许多人在开始时很兴奋，等到进入了过程之中，这种兴奋感就逐渐消失了。

事实是，获得有意义的结果，并不是件容易的事。如果是的话，每个人都能做到，那么这本书就没有必要出版了。事实是，自律并不常见。如果我们都能独自去做，那么人人都能在任何时候实现所有目标。我知道，我们在第 6 章讨论过这个问题，但在这里我值得重申一下：确保你坚持到底的最好方法之一就是确立一些对等的责任。它会让你保持诚实，让你不断前进。

责任是指对某人或某事负责，或者对某些行为或结果负责，它可以有各种形式、各种程度。有些人高效率工作一般是因日期将要截止，有些人高效率工作是为了想方设法避免负面后果，还有一些人高效率工作则是为了获得奖赏。重要的是弄清楚什么最能激励你，然后付诸行动。

请别人来监督你履行责任通常是关键，但能够和别人相互负起责任，则更加理想。

请别人帮助督促你实现目标，并不是软弱之举，也不会让你效率低下。相反，这会让你变得聪明。你能给我举个例子，说一说在财富 500 强公司的首席执行官之中，有哪一位没有承担异于常人的责任？他必须对股东、员工、公司的执行董事会负责，通常还要对某位高管教练负责。

让别人（或一群人）来督促你对你的承诺负责吧。想想看：假如有位健身教练在健身房里等着你，你是不是更容易去健身？当你和朋友一同跑步时，是不是更容易完成长跑？不管你的目标是什么，都可以找到一个负责任的合作伙伴、请一个导师督促你每天签到、建设自己的责任团队（你不得不领导他人去做某事时，没有比这更好的方法来让你自己对某事负责了）或者聘请一位教练来帮助你。但是要记住，为了最大限度地运用你的责任，你挑选的其他人必须行事严谨，言行一致，关心你和你的成功。

第 5 步：评估结果，并相应地调整你的过程

在你坚持走完你的过程时，关注你的结果会怎样是很重要的。假如两个月后你的体重还没有变化，那你就可能需要重新评估你的

饮食或锻炼计划了。倘若你没有达到销售目标，这时寻找更多潜在客户或者加大营销活动力度也许就是顺理成章的事情了。若是你还没有将你出书的想法付诸行动，就回顾一下你的日程安排表，看看是否可以将写作时间另作安排。

我建议你安排每周或每月进行一次检查，看看你的过程是否需要根据到目前为止的结果进行调整。这里的目的始终是让你的过程尽可能清晰和简单，以便保证你能坚持到底。如果有什么事情妨碍了你坚持下去，这样的检查正是做出改变的好时机。

一次又一次做好小事，也就成就了大事

记住，奇迹公式并不是让你获得奇迹后又回到之前的老样子。我们要加入奇迹专家的行列——他们在人生的各个领域一次又一次地创造具体的、可衡量的奇迹。要做到这一点，你获得的成功越多，就越有必要继续提升和发展你的目标。

请将你一路上学到的经验教训"去粗取精"并且内化于心，用它们来推动你完成下一项使命。正如我之前提到的那样，我确立了一项使命——花更多时间和家人在一起。等这项使命已经成为我的自觉追求时，我又确立了另一项使命——终生与癌症搏斗，使自己远离癌症。当这项使命也已成为我的自觉追求时，我又将注意力转向了写这本书。致力于完成每一项使命，都将进一步提升你作为奇迹专家的能力，那样的话，就没有什么奇迹是你力不能及的。

创造人生奇迹

全身心投入音乐梦想

在这个世界上，我最喜欢的音乐家是杰里米·雷西格（Jeremy Reisig），或者说他为人所知的名字"布罗萨·詹姆斯"（"brotha James"）。他是个独一无二的天才音乐家，通过歌曲给世界带来了许多正能量。他的音乐致力于舒缓人心。事实上，据我所知，他是唯一一位将积极肯定与欢快的音乐结合起来的音乐家，所以，你听到的每一句歌词，都会使你的潜意识为追求更大的幸福和成功做好准备。

杰里米在刚开始音乐生涯时，跟着一个放克①乐队进行巡回演出。他会演奏几种乐器，也会说唱，但他还想当伴唱。然而乐队成员一次又一次地拒绝了他，因为他们说他的嗓音条件不够好。

2013 年，杰里米在乐队工作了四年之后，决定学习如何唱歌，成为一名词曲作家。他想实现成为乐队主唱的梦想。他邀请了一些人加入，但这些人也认为他的嗓音不够有力。

为了实现自己的梦想，杰里米坚定地接受了两个声乐老师的培训。他几乎每天都会练习 15 ～ 30 分钟，并坚信自己总有一天终将实现目标。记住，他非同常人的努力只是每天练习 15 ～ 30 分钟。这让人感觉很稀松平常。在 2014 年 3 月得到第一份工作之前，他很长一段时间都坚持不懈地练习，

---

①放克（魂克）是一种美国的音乐类型，起源于 1960 年代中期至晚期，美国非裔音乐家将灵魂乐、灵魂爵士乐和节奏蓝调融合成一种有节奏的、适合跳舞的音乐新形式。

这让他变得与众不同。2015 年年中，他终于获得了第一份有报酬的工作，他的努力真正获得了回报。

今天，"布罗萨·詹姆斯"继续维持着作为一名鼓舞人心的音乐家梦想，全美国各地演出。他继续上课，仍然坚守他的承诺，每天练习 15 ～ 30 分钟，每周练 5 天。用他的话来说："一次又一次地把小事做好，也就成就了大事。"他对这个过程的全身心投入是他不断获得回报。他的嗓音从起初的不好，慢慢地发展到较好，再后来发展为了优秀，人们经常拿他的声音与著名歌手杰森·姆拉兹（Jason Mraz）相比。他不断进步，把音乐带给越来越多的人。去年，"布罗萨·詹姆斯"参加了 150 多种不同类型的音乐活动。他是一个完美的例子，例证了随着时间的推移，对追求目标的过程全身心投入是怎样使成功变得必然。

明知该做这些努力，却不想做？

我从客户和读者那里听到的一个非常普遍的问题是"我怎样激励自己去做我知道自己应该做的事情？"他们的潜在语气通常是沮丧或无助的。

在孩提时代，我们做自己该做的事情从来就不那么容易。虽然我们知道多吃蔬菜会更健康，在用钱方面量入为出是明智做法，而且一天中花点时间来放松和休息会降低心理压力，但我们经常在做这些事情的时候拖拖拉拉，或者完全无视这些事情。当谈到追求某个有意义的目标时，我们同样必须找到一种方法来克服拖延的诱惑，因为那些只做自己喜欢做的事情的人……通常都做得不多。

于是，拖延成为了一种生活方式，我们会习惯性地推迟那些不舒服的、未经证实的或者未知的事情。而我们要想使自己从现在的样子发展到我们想要变成的样子，就必须做这些不舒服的、未经证实的或者未知的事情。那么，怎样才能让自己去做即使我们并不想做，但我们却知道应该做的事情？方法就是了解我们拖延的根本原因，然后采取措施来克服它。我相信你能想出各种各样的理由来解释自己为什么拖延，但它其实只有一个解释：你把某种程度的痛苦、恐惧或者不舒服与你的拖延行为联系了起来。

为了克服拖延症，你要了解，所有的痛苦、恐惧和不舒服，全都是被想象出来的。它们全都只是在你的脑海里。当你在做你认为痛苦的、害怕的或者不舒服的事情时，那所有这些都会变得无关紧要了。只是想着要去做这些事情当然很可怕。你想得越多，就会拖延得越厉害。但是，真的去做，又会怎样呢？做你一直在想的事情（也就是你知道你需要做的事情）是一种解脱。它会使你从恐惧中解脱出来，而且几乎绝不会像你告诉自己的那样痛苦，很快，你想象中的不舒服就会慢慢地归入你的舒适区。

所以，为了找到做那些你经常拖延的事情的动力，你必须行动起来。你得迈出第一步，而这一步，这一行动，将产生你继续前进需要的动力。但第一步取决于你。

如果你发现自己在健身方面有拖延症，那现在就把健身服装进健身包，在指定的锻炼时间跳进车里。别想它了，开车吧。只要你迈出去健身房的第一步，你接下来就很可能会开车去那间健身房（也许正是你已经付了几个月会费的那间）。当你把车开进停车场，把车缓缓停入第一个可用的停车位时，我打赌你会抓起健身包，朝里面走去——至少，这时你的动力会比你待在家里、坐在长沙发上、空想着自己去健身房时大得多。

一走进健身房，你听到高分贝的音乐通过扬声器传递出来，看到所有人要么在举重，要么在跑步机上跑步，个个挥汗如雨，我敢打赌你会加入他们。当你这么做时，你将会为自己感到骄傲。你会意识到你之前选择的拖延,严格说来就是一个选择。对于这个选择，你现在也已经清楚是什么原因导致的了。

克服拖延症只是迈出了看似无关紧要的、朝着实现目标的方向前进的第一步。一旦你开始行动，你就已经战胜了拖延症。现在的问题便是继续朝着同一个方向前进了。每天按照你预定的过程去做，在你明白这一做法之前，试着去记住做它的感觉就是你与拖延症斗争的唯一方法。

> 一旦你开始行动，你就已经战胜了拖延症。
>
> ◀ ◀ ◀ THE MIRACLE EQUATION

瞧，我告诉过你，非同常人的努力并不都是非同寻常的。你只需要一个简单的、可重复的过程，将其安排到你的日程表中，并且在一定程度上做到情感分离（不管每天的结果是什么，都以平常心来对待），加上与同伴确立相互的责任，并且在这个过程中做出一些调整。你的过程可以根据需要变得简单（或复杂）。

还记得"布罗萨·詹姆斯"吗？尽管他每天只练习 15 ~ 30 分钟，但他用歌声征服了人们。我每天打 40 个电话（累计只有 2 小时），便挣到了自己的第一份六位数年薪。现在你可能还不相信我，但相信你很快就会期待着每天都投身到自己完成使命的过程之中了。一旦你意识到如何去实现它，这一巨大而可怕的目标就会变得很有趣了。

现在，你已经搞清楚了运用奇迹公式的步骤，下一章我们将深入探讨如何不断重复这个过程，在你人生的方方面面反反复复地创造奇迹。

第 9 章

THE
MIRACLE
EQUATION

打造一次又一次
创造非凡成果的能力

如何创建和使用自我肯定宣言

只有在你相信奇迹的时候，奇迹才会发生。

保罗·科埃略（Paulo Coelho），《牧羊少年奇幻之旅》

能够创造具体的、可衡量的奇迹是一件令人兴奋的事情，但这只是其一。毕竟，拿到了开启梦想生活的钥匙时，谁会不感到兴奋呢？也许你想要经济上的安全与自由；也许你已经准备追求一段特殊的感情或者修复你现在的人际关系；也许你正在寻找一份有意义的工作来充实自己；又或者你想更加健康，身材更好，体力更充沛；再或者你只想要快乐生活。对以上所有这些改善人生的可能性而感到兴奋，与努力使这些可能性变成必然性，是截然不同的。

其二，如果这里的最终目标是让你培养和体现奇迹专家的性格特征，以便使你保持随心所欲创造奇迹的能力，那么你必须像个奇迹专家那样思考和行动。你得在大多数时候这样思考和行动。

你必须用基于信念的思考取代基于恐惧的思考，愿意放弃你过去承受的任何局限，将自己看成一个和地球上其他人一样值得成功、理应成功、有能力创造你想要的一切的人。我知道我们已经好几次提过这样的想法（也许还不止几次），但现在，我将在智力和情感层面上帮助你做到这一点，以便你"看到"和"感受到"全新的、改进的自己，帮助你更容易地与你想要成为的人和你想要创造的未来保持一致。

厄尔·南丁格尔（Earl Nightingale）以他鼓舞人心的音频和书而闻名，他曾说过："我们思考什么，就会变成什么。"我一直在提醒你，我们的思维模式塑造着我们的身份以及现实。不过你花了多少时间从大局着眼来设计你的思维模式呢？在本章中，我们将深入探讨如何用思想和行为为你的大脑"重新编程"，使你保持在"奇迹专家模式"。幸运的是，有一个特定的实践可以完美解决这个问题。

S.A.V.E.R.S. 人生拯救计划中，哪项实践最有效？

在我人生的第一本著作《早起的奇迹》中，我介绍了一个叫作"S.A.V.E.R.S. 人生拯救计划"（Life S.A.V.E.R.S.）的框架。这个名称中的 S.A.V.E.R.S. 是一个首字母缩写词，代表人类历史上六个最永恒、最普遍适用、得到科学证明的个人发展实践（没有一个是我发明的），它们是心静（Silence）、肯定（Affirmations）、具象化（Visualization）、运动（Exercise）、阅读（Reading）和书写（Scribing）。我建议每天都做，将它们当成每天早上做的事，这样就可以使你的思维模式变得更好，让你在接下来的一天中保持专注。

尽管这六种实践的每一种本身都是革命性的，但在播客采访期间，我经常被问到，在 S.A.V.E.R.S. 代表的六种实践之中，是不是有一种我"最喜欢的"。对这个问题，我认为"政治正确"的答案应该是"当然没有，它们都同样重要"。不过，在你我之间，我总是选择透明而不是"政治正确"（经常是选择了"政治错误"）。

所以，我确实有一个最喜欢的，而且，根据我的经历证明，它也是最有效的。对于个人发展和转变，我最喜欢的实践无疑是 S.A.V.E.R.S. 中的"A"：肯定。但是（这是另一个很大的"但是"）它不是你想象的那样。

你瞧，"肯定"往往有着不好的口碑。人们通常认为它们是无效的，无论是往好了说还是往坏了说，都无效。它们和愿景板相差无几。如果你只是将一些照片贴在墙上，然后坐等现实奇迹般地发生改变，那你可能等不来你要的改变。同样，你不可能仅仅通过交谈来改变自己。这么说吧，你可以改变自己，但不是以许多励志大师让你相信的那种方式来改变。我年轻的时候和很多人一样，认为自我肯定既俗气又无效，觉得它们就是一些给人感觉良好的话，没有任何现实基础，只让人们在说出口的那一刻感觉更好。你知道的，像我这种以结果为导向的人十分理智，不会为了掩饰我们的不安全感而重复那些让人感觉良好的话。我对它们真的能产生结果并没有信心。

当我 20 多岁开始学习个人发展时，自我肯定作为一种合理的人生转变工具重新被引入了我的生活。它的承诺在于，只要我一遍又一遍地重复某些话，直到自己都相信它们，就能改变人生。你知道的，我从小就认为自己很懒，并且根据这样的感知生活着，所以，上面这些话听起来正合我的胃口。我想，我不需要做太多的事情嘛，因此完全同意。

直到我发现自己的想法落空了。没过多久，我的自我肯定就和大多数人一样，没有了下文。当我使用成功励志领域的先驱们经常传授的方法时，什么也没有发生。我一直在谈论的美好生活也没有出现。一遍又一遍地念叨"我是百万富翁"，并没有使我的银行账户增加一分钱。事实上，这样的用"我是"开头的句子来确认我是什么样的人，并没有让我觉得不真实（其实是不真实的）。

然后，有一天我突然醒悟了。我意识到，这其中的缺陷并不在于自我肯定本身，只是我们误解、误导、误用了它们。我最终紧紧盯住两个方面的缺陷，这使得我能够完全改变我的方法，并设计切合实际的、可操作的、并且始终产生具体而明显可见结果的自我肯定。

在接下来的几页中，我将向你介绍一套用来构思"奇迹公式自我肯定"的全流程公式，它们基于事实，并且得到了周密设计，以用来加速你对奇迹公式的运用。但在此之前，我们先花点时间来探讨一下刚才说到的自我肯定的两个缺陷及其带来的问题。

1. 不真实的声明会让你觉得不真诚

我们都想改善生活的某个方面，或者改善整个人生。我们需要金钱、爱、健康的身体，并且可能还想要每天会有 25 小时！我们可以用坚定不移的信念和非同常人的努力（几乎就是如此！）达到所有这些目标。但我们不能通过欺骗自己来接近这些目标，而这正是许多个人发展的先驱们让我们设计自我肯定的方式。

这些先驱们告诉我们，要反复吟诵这样一些句子：

◎ 我成功了。

◎ 我是个吸金达人。

◎ 我有着完美的体格。

◎ 我身处一段忠诚的、充满爱的关系中。

如果这些说法不真实，你的内心深处也会清楚它们其实不真实。反复吟诵它们就是在对自己撒谎。你的潜意识会抵制这些谎言，从而导致你产生一种额外的内心冲突（好像我们需要更多的冲突一样），并且有可能让你比开始之前感觉更糟。

事实上，2009 年《心理科学》（*Psychological Science*）杂志开展的一项研究表明，缺乏自尊的人们在重复"我是一个可爱的人"这样的声明后，实际上感觉更糟。想想吧：如果你认为自己并不可爱（不管这是真的还是假的），却又简单地一遍又一遍地重复这句话，那只会让你对自己原本就消极的自我形象又蒙上一层"说谎者"的阴影。

这类自我肯定可能会进一步削弱你对自己的信任，对你变成奇迹专家的新身份起着反作用。尽管这些空洞的声明可能暂时缓解你的压力和焦虑，但它们最终会阻碍你实现你想要的。真相，关于你的真相，将永远占上风。

2. 消极的语言会阻碍你采取行动

当人们想使他们的人生变得更加美好时，他们面临的最大障碍之一就是不知道他们自己应该首先／其次做什么。由于他们不知道采取行动的顺序，所以只能待在原地不动，直到最终放弃。

大多数所谓的"自我肯定"就是这样反复强调消极的语言，却迟迟没有见诸行动。这些消极语言掩盖了你必须做某事的事实。它们就像挂在你墙上的那块神奇愿景板，暗示着你不需要做任何事，就可以吸引你想要的东西。

你自然而然地实现"财源滚滚"，你生命中的真爱就在门外等着你。这不是很棒吗？我们凭空想象自己能躺在舒适的躺椅上创造奇迹。销售员凭空想象客户拿着合同来找他签约！但生活不是这样的。我们的后院没有摇钱树。

我不确定你是不是这样，但对我来讲，如果有陌生人潜伏在我家门附近，我就会报警（当然，我要首先确定那不是邮递员）。这些类型的自我肯定也是谎言。

我们的确需要做一些事情，一些非常具体的事情，才能实现我们的目标。记住，你生命中想要的每个结果，都要经历一个过程才能得到。你必须定义和执行这个过程。确认这一点，你才会有所进展。

在我们进入下一节并学习如何构思和设计有效的自我肯定之前，这里先介绍一些我最喜欢的名言，它们清晰地表达并强化了自我肯定的好处。

> 对自己的不断肯定会变成一种信念，而当信念变成执着之时，奇迹就会发生。
>
> ——穆罕默德·阿里（Muhammad Ali）

任何传递到潜意识里的想法，只要足够多，又足够有说服力，我们的潜意识最终都会接受。

——罗伯特·柯里尔（Robert Collier）

成功励志书作者及出版商

自我肯定是你超越现实，并利用你现在使用的话语来创造未来的陈述。

——露易丝·海（Louise L.Hay）

作家、出版商和海氏出版社创始人

你必须先在你的头脑中取胜，然后才能在你的人生中取胜。

——约翰·艾迪生（John Addison）

领导学演说家和作家

❤ 创造人生奇迹

通过自我肯定改变人生

米兰达·玛特（Miranda Mart）是"早起的奇迹"社群中的脸书群组的成员，她很好地例证了自我肯定能够怎样改变人生。

早在三年前，米兰达就开始接触《早起的奇迹》这本书。那时她刚刚离婚，独自带着两个孩子。那时她开始了全新的职业生涯，并希望在一个她没有任何经验的行业里成立一家机构。她很沮丧，患有社交焦虑症，还有超过 15 万美元的账单要自己支付。她的生活看起来似乎要越过一个又一个不可逾越的障碍。

她把"早起的奇迹"例行事务当成头等大事，每三个月就重新读一遍那本书，并且每天进行肯定、具象化和写作。她将自己的自我肯定分成三类，发现自己越是善于使用它们，就越能控制自己的思想。她再也没有受到生活恶魔的控制了。

通过每天的练习，她最终成为全公司最优秀的女员工，在一千多名销售人员中脱颖而出，并且开办了自己的经纪公司。但她没有停下脚步。她心怀那些自我肯定继续前进，并在那以后发展了 6 个下属机构，收入翻了两番，并且在签订合约方面达到了公司的最高水平。她把自己非凡的成功归功于《早起的奇迹》这本书，特别是她的自我肯定。

自我肯定的正确打开方式

正如你现在知道的那样，你的自我肯定要基于事实，并且清楚陈述实现你准备创造的奇迹所必需的具体行动。这一点很重要。如果你想让你的大脑为某个新的现实做好准备，那么你也要让它为你在新的现实中需要些什么做好准备。

同样重要的是，你的自我肯定不能与你当前的信念体系相冲突。相反，你应该在你克服恐惧的同时将它们进行调整、发展和扩展。

你要温和地打开你的思维，接受新的可能性，这样你的大脑才会相信它们。这意味着你要运用逻辑，扎根于真理，结合自己预先设定的过程，朝着具体的结果迈进。

通过确定、阐明并强化与你的奇迹专家身份一致的信念与行为，你的"奇迹公式自我肯定"能够使你转变成为全新的身份。这些自我肯定的目的是用坚定不移的信念积极地规划你的潜意识思维，同时引导你的意识思维，以促使你付出非同常人的努力来创造具体的、可衡量的成果。

总之，"奇迹公式自我肯定"将达到两个结果：

◎ 升级和重新规划的潜意识思维，减少或消除任何阻碍你前进的内心冲突，同时积极地灌输这样一个坚定不移的信念：你需要完成你选择的任何事情

◎ 将你的意识思维导向你认为最重要的活动，让你投入必要的非同常人的努力，使你最宏大的目标从"也许"实现变为"可能"实现，最后变成"必然"实现

现在，让我们一步一步走完这个过程，构思、设计和执行实际的、以结果为导向的"奇迹公式自我肯定"，这会使你的思维得以改变，为你创造具体的、可衡量的奇迹做好准备。

第 1 步：从你的奇迹口诀开始

还记得吧，在第 7 章，你可以反复诵读你的"奇迹口诀"了。

这是一个简单的句子，包含了你对完成使命并保持坚定不移的信念和付出非同常人的努力所下定的决心。你决心在很长一段时间内做到这些，直到奇迹变成现实。

"奇迹口诀"仍然是你执行和坚持奇迹公式的主要工具，把它纳入你的自我肯定之中同样很重要。你对自己重复得次数越多，它就变得越发根深蒂固。

行动：拿起你的日记本或智能手机，或者打开你最喜欢的文字处理程序，写下你的自我肯定，并且附上"奇迹口诀"。

模板：我决心保持坚定不移的信念，我将____（插入你在第 6 章中声明过的使命），并且继续付出非同常人的努力，直到完成这一使命，无论如何……没有其他选择。

第 2 步：清晰阐明你的使命为什么意义重大

记住，你的使命不一定是要改变世界（尽管它确实可以改变世界）。它可大可小，可简单也可复杂，只要你喜欢就行。关键是它必须对你有意义。这种意义，也就是你自己为什么要完成自己的使命（我简称为你的"为什么"），将会成为你的驱动力，这正是它至关重要的原因所在，而你的自我肯定能够每天都提醒你这些。

你想要某样东西和得到这样东西之间缺失的一环通常就是所谓的"杠杆"，而你内心深处有意义的"为什么"，会给你提供这种杠杆。正如我的好朋友乔恩·弗罗曼（Jon Vroman）常说的那样："当你的'为什么'有了心，你的'怎么做'就有了腿。"我们设定目标通常是因为我们想要实现某项任务或者改进某样东西，但是，一旦你在这些方面的追求变得困难时，我们就会依赖于我们的"为什么"（或者想不出"为什么"）。一方面，假如我们的"为什么"很微弱，或者更糟的是，如果我们甚至不清楚自己为什么要朝着某个目标努力，就很容易会放弃我们追求。另一方面，如果我们的"为什么"非常重要，也就是说，它对我们来讲比世界上的任何东西都重要，我们就会克服任何挑战，尽一切努力去实现我们的目标，无论如何……没有其他选择。

> **行动：**阐明你的使命为什么对你来说有着深刻的意义。真正有意义的"为什么"，是你致力于完成使命并且一直坚持到底的理由。具有深刻意义的"为什么"，是你在追求和实现使命的过程中体验到的最重要的好处。它可以是一些无形的好处，比如你将变成什么样的人，也可以是一些有形的好处，比如金钱的奖励、关系的修复或者减肥的成功。

> **模板：**我致力于完成我的使命，是因为____（插入你的有着深刻意义的"为什么"，也就是通过追求与 / 或实现你的使命，你将体会到的最重要好处）。

第 3 步：坚定你的非同常人的努力，通过全身心地投入到你的过程（而不是感情上依恋短期的结果），使得完成使命变成必然

这个步骤有助于缓解你对一种十分常见的担心产生的焦虑，这

种常见的担心是我究竟要怎样才能做到这一点？这个步骤还为你的大脑提供了需要的逻辑，让你相信你的目标是可以实现的，并且为你做出非同常人的努力设定期望。你可以将这个步骤看作是你从渴望走向行动的桥梁。

行动：写下你的过程，它由一些主要行动步骤组成，你要确定这些步骤是完成你的任务所必需的，并且要确保是你下定决心采取那些行动时将会包含的步骤。你要使其尽可能清晰和简洁。理想的情况下，你应当只做一件事情，以免自己不堪重负。另外，你写下的内容一定要包括每天完成这个过程的频率和时间。

模板：为了确保我必定完成使命，我将继续致力于在____（插入日期和时间）的时候执行____（插入你的过程），而且不对短期的结果产生情感上的依恋。

第 4 步：确立受启发的权利资格

记住，奇迹专家怀着这样一种心态生活：他们可以实现他们想要的一切，将会做到他们承诺要做的、值得他们愿意为之努力的一切。要培养奇迹专家所需的品质与性格特征，就要包括培养其产生一种理应成功的感觉，这将为你的坚定不移的信念提供燃料，并且随之也将继续为你的非同常人的努力提供燃料。你的奇迹公式自我肯定将开始帮助你确立和强化受启发的权利资格，使你觉得你真正值得拥有你想在生命中拥有的一切。

行动：提醒你自己一个普遍的真理：你和地球上的其他人一样值得、理应、有能力实现你想要的（和决心做的）一切。

模板：我致力于完成我的使命，每天都像奇迹专家那样生活，因为我知道，我和地球上的其他人一样值得、理应、有能力创造具体的、可衡量的奇迹，实现我想要的一切。

你可以原字不动地打下这句话，也可以根据自己的喜好修改。记住，我们每个人对不同的单词和短语的反应是不同的，这取决于什么能引起我们的共鸣，所以，注意你使用的措辞是十分重要的。它应当刺激你，与你产生共鸣。而对这句话中列出的每个步骤，你也可以这样做。例如，如果你觉得把自己称为"奇迹专家"感觉有些怪怪的，没关系（尽管一开始用不同方式谈论自己总是给人奇怪的感觉），你可以用"我每天都要做最好的自己"来代替这句话。你也可以把"我想要的一切"换成"我梦想的生活"，或者把"奇迹"换成"成果"。总之，要使用能引起你共鸣的措辞。

第5步：诵读你的奇迹公式自我肯定（带着情感）。每天诵读。不要间断

很多人没有坚持这个步骤，而这一步可以说是最重要的一步。人们花了相当多的时间来构思和设计他们的自我肯定，以便那些自我肯定的话语能够紧扣他们升级后的身份、使命和过程，然后，他们就不会坚持下去了——就像有的人不会坚持节食或者实现新年决心一样。这是人的本性。一旦最初的兴奋感或新鲜感消失，人们就

会把注意力转移到更新的、更刺激的事物上。这常常是我们的败笔。

创造奇迹的关键是持之以恒。你必须持续下定决心，直到你到达你人生中一直想要到达的地方。要开始这段旅程，没有比每天诵读你的奇迹公式自我肯定更简单的方法了。更进一步说，带着一些情感来进行自我肯定也是明智的，这有助于你的大脑将你当前的情感与你想要的情绪匹配起来。你不会对自己撒谎了，你只是在更频繁地向大脑展示你想要的感觉。你必须完全"懂"它。

> 不断地肯定，直到变成信仰。一旦信仰变成深刻的信念，一切将开始发生变化。
>
> ◀ ◀ ◀ THE MIRACLE EQUATION

虽然我们可能在理智上得到一些东西，但只有在情感上得到它，才能真正得到它。就像我们在概念或逻辑上从理解情感到实际感受情感一样。例如，当你的另一半向你抱怨一些困扰她的事情时（我在这里是以一个男人的身份说话的），尽管我们可以听到对方在说什么并且从理智上理解她说的话，但我们可能还是并不总能完全理解。如果同样是这个人开始哭泣，而你可以看到、听到，有时甚至感受到她的痛苦，那么，你就是在情感上"理解"了。

所以，当你诵读自我肯定时，要确保你所说的都是真话。要用坚定不移的信念和非同常人的努力来肯定你的承诺，把每一天都过得像个奇迹专家那样，在这么做的时候深吸一口气，吸气时，你会感到自己已经融入了你的新身份。想一想它看起来、听起来和感觉起来是什么样子。这将帮助你从理智上和情感上体验你的新身份。

行动：持之以恒是奇迹公式的关键，它始于每天诵读你的自我肯定，以保持和扩展你认定自己具有无限潜力的思维模式，同时也让你持续地专注于你的过程。我发现，最好是安排一个固定的时间来诵读你的奇迹公式自我肯定，它可以是每晚睡觉前、早上刷牙后，或者是你的"神奇早晨"，即当你着手完成这一天的个人发展练习的时候。让诵读成为你日常生活的一部分。记住要感受你诵读的真理，如果可以，请尽可能长时间地保持这种感觉。就我个人而言，我喜欢在诵读自我肯定后直接冥想，并且利用这段时间来充分吸收它们助我创造的心态和情绪。这么做有助于加深你的奇迹公式自我肯定对你的人生的影响。

可用资源：你可以使用本书附录二的"奇迹公式自我肯定模板"。

个人案例：我要和你分享我当前版本的奇迹公式自我肯定。你会注意到，我使用的一些措辞与模板略有不同，这是因为使用与你产生共鸣的措辞非常重要。正如我在前面提到的那样。当我不断地学习、成长、获得新的观点时，我也在不断地编辑和更新我的自我肯定宣言：

1. 我决心保持坚定不移的信念，我将过上不受癌症折磨的生活，并且健康而长久地活下去（活到 100 岁，那时候苏菲 70 岁，哈尔斯顿 67 岁），而且我将在自己的余生继续付出非同常人的努力，直到完成这一使命，无论如何……没有其他选择。

2. 我致力于完成我的使命，是因为我要活下去，给苏菲和哈尔斯顿带来积极的影响，并且和厄休拉分享我的人生，对我来说，这些事情比世界上其他任何事情都重要。

3. 为了确保我能健康地活到 100 岁，我将继续致力于遵循我所有的（日常）整体抗癌方案和对抗疗法，最大限度地提高这两项疗法拯救生命的效果。

4. 我致力于完成我的使命，每天都像奇迹专家那样生活，因为我知道，我和我的家人以及世界上任何人一样值得、理应、有能力活得长久、健康，活到 100 岁。

目标和任务不同，自我肯定宣言也要不同

根据需要来编辑和更新你的自我肯定，使之跟上你不断发展变化的身份与目标。因为当你成长和进步时，自我肯定也该随之成长和发展。一旦你成功地创造了具体的、可衡量的奇迹，你就必须为新的目标和任务找到新的自我肯定。假以时日，构思和设计你的自我肯定将变成你的第二天性。借助经验，你便将知道该写什么、什么对你最有效，以及如何使用自我肯定来保持坚定不移的信念和对每个新目标付出的非同常人的努力。

实际上，我们都有很多重新编程工作要做。我们多年来受到限制的信念和内心冲突需要解开，并且许多的恐惧也需要克服。最后，我建议你为人生的每个方面写下自我肯定，这可能包含具体的目标，但它们不是一成不变的，而是会根据你想要在特定的时间专注于什么而改变的。有些早晨，我会读出我所有的自我肯定。另一些时候，我会朗读那些我觉得最紧迫的自我肯定。如果我碰巧在为某项特定的任务而努力，我就会确保自己在完成这项使命之前朗读它。

以下是我的基本的自我肯定主题列表，对每一条自我肯定，我都设置了目标：

◎ 我的健康与健身（包括远离癌症）

◎ 我的使命与目的

◎ 我的妻子

◎ 我的孩子们

◎ 更大的家庭

◎ 朋友

◎ 收入和财务自由

◎ 个人发展

◎ 精神满足

◎ 捐赠

同时我们还要知道，表达自我肯定的方式有无数种，我会出于不同目的而采用不同方式。我们在上面刚刚提到的全流程公式，是专门用来执行奇迹公式的。以它最简单的形式来说，自我肯定只会提醒你最重要的事情。它可能提醒的是你的某个重要的目标、某项日常活动，某种获得授权的感觉、某种基本的心态、某种价值观、某个目的，或者任何你想在头脑中牢牢记住的其他事情。我相信你听过这样的说法：你关注的东西会放大、会延伸。自我肯定有助于你确保自己总是专注于和放大对你来说最重要的东西。

例如，我的一条自我肯定是"今天我要做些事情，使我妻子的人生变得精彩"。通过每天早上朗读这条自我肯定，我知道自己必须积极主动帮助妻子，每天至少为妻子做一件有价值的事情。这通常是一些简单的事情，比如洗碗、给她买花、告诉她我有多爱她、让她睡个懒觉，或者多做一些事情，使她轻松一点。有的时候，这些有价值的事情会变得更隆重，比如计划全家去度个假，或者带孩子去某个地方，以腾出时间让妻子独处一天，给她一个惊喜。总之不管这件事情是什么，我每天都会诵读这条自我肯定，提醒自己采取一次简单的行动，为妻子的生活增加一些价值。你知道的，人们常说："老婆快乐，生活幸福。"

> 你必须自始至终地活在当下，明白为什么你的目标对你意义重大。
>
> ◀ ◀ ◀ THE MIRACLE EQUATION

虽然你的目标和任务将随着时间的推移而改变，但你作为一名奇迹专家的身份应当不变——假如你想继续创造奇迹的话。你必须始终如一地选择坚定不移的信念和付出非同常人的努力。你必须不间断地与内心的冲突斗争，以记住你到底有多强大。你必须自始至终地活在当下，明白为什么你的目标对你意义重大。以你刚刚学习的方式来表达的自我肯定，将支持你做到这一切。它们只需你每天集中几分钟的注意力。

现在，你已经确切地知道了如何创建和使用奇迹公式自我肯定（请确保你安排了时间来构思它们或者下载了模板），是时候将你到目前为止学到的所有知识整合起来并且进行一次尝试了。在下一章，我将邀请你参加你的第一个 30 天奇迹公式挑战。就像我的第一位教练常说的那样："考验真功夫的时候到了。"

注意：如果你在写下奇迹公式自我肯定时有任何问题或需要帮助或反馈，请在早起俱乐部中发表。在那里，你会找到超过 15 万名志同道合的人士，他们早已开始练习这类日常的自我肯定，他们互相支持着，并且非常乐意支持你。

第 10 章

THE
MIRACLE
EQUATION

开启 30 天奇迹公式挑战

向 10 级成功前进!

非凡人生，始于每天在最重要的领域持续取得进步。

哈尔·埃尔罗德，《早起的奇迹》

想象你已经走到了生命的尽头，今天就是你在地球上的最后一天。你的成就已经成为过去，没什么可做的了——没有更多的时间来进行个人发展或追求目标。你已经做了你这辈子要做的一切。

现在，让我们进一步搁置现实，想象你本可以成为的那个人（也就是充分发挥了自身潜力的那个你）走进了你现在所在的房间。毫不奇怪，你会觉得好像你已经认识这个人一辈子了，感到很轻松。和这个人仅仅聊一会，便足以让你初步了解这个 10 级成功版本的自己：他或她的心态、成就、贡献以及满足感。这个版本的你过着充实的生活，付出了能付出的一切，收获了回报，并且已让自己这一生尽可能充实了。

现在，根据你目前的发展轨迹，你认为这两个版本的你会非常相似还是相距甚远？

这是一个沉重的问题，但如果你对自己诚实，这也是衡量你的人生现在和将来会有多么充实和富有成效的一种绝好方式。人生中最悲哀的一件事是，你知道自己没有实现或贡献出你原本能够实现或贡献出的一切。然而，我们许多人都落入了陷阱。因为我们没能明白即使你已经在人生的一个或多个领域非常成功，也很可能也有机会在其他领域发挥更多的潜力。

本章让你可以将从这本书里学到的所有东西付诸实践，以使你更加接近 10 级成功版本的自己。在一个月的时间里，奇迹公式将会在你的意识中变得根深蒂固，以至于你不再需要刻意地重新思考它。它将成为你的一部分。坚定不移的信念也将成为你的默认心态。非同常人的努力对你来说也会是常事。

接下来的 30 天将是一段简单但具有变革意义的旅程，过完这30 天后，你将成为一名奇迹专家，能在你人生的各个领域创造具体的、可衡量的奇迹。

克服"非理性的恐惧"和"缺乏耐心"

如你知道的那样，我想让你尽可能轻松地像奇迹专家那样生活。将原本容易做好的事情想象得复杂难做（我们在脑海中几乎总是这么做），既徒劳无功，也毫无必要。所以，我现在想谈谈最常见的障碍，这样的话，你就会提前为它们做好准备，知道它们出现的时候该如何克服。

第一个障碍通常是我们非理性的恐惧，也就是害怕失败，害怕成功，害怕改变。这些恐惧心理常常导致我们拖延。要知道，每个人在第一次制定重要目标时都会经历害怕和恐惧。不论什么时候，只要我们敢于走出舒适区的范围，都会感到不舒服。处理对你来说很重要的事情，尤其是当你以前从来没有做过类似的事情时，会让你感到可怕。有这样的感觉是正常的，实属意料之中。

但是，我们希望你快速且严丝合缝地完成这一过程的这个部分。如果你发现你的大脑重新回到了它默认的压力反应状态，并且对你的目标或者你自己产生了消极的想法，那就来一次深呼吸，诵读奇迹口诀，重新将注意力集中到有实现可能和你决心要做的事情上，而不是集中到你害怕的事情上。记住，你控制着你的思想，反过来，你也控制着你的现实。每天诵读你的奇迹公式自我肯定（这将是你30天挑战中的一个步骤），同样会给你的大脑提供一些空间来释放心头的恐惧，使你专注于你决心要做的事情，专注于你的"为什么"。

如果你仍然感到害怕或者停滞不前，你可以回到第3章，看看你能不能辨别自己是否正在经历四种内心冲突中的任何一种：

◎ 对机会的非理性恐惧 vs 维持现状：你害怕机会吗？

◎ 被误导的权利 vs 受启发的权利：你觉得自己不值得吗？

◎ 潜在的畸形 vs 实现的潜力：你没有发现自己真正的潜力吗？

◎ 世界定义你 vs 你定义你自己：你允许别人限制你吗？

了解是什么阻碍了你，是克服这种障碍的第一步。

我在客户和朋友身上反复看到的另一个障碍是对短期结果的情

感依恋。还记得我的那位朋友吗？他坚持自己的减肥计划（限制热量摄入，每天锻炼身体），但体重秤上的数字却丝毫没有变化。他对体重数字的情感依恋几乎让他中途放弃了他的计划，直到后来，他意识到自己在保持体重的同时降低了体脂率，才继续坚持了下去。他的努力得到了回报。

想想看，我曾经花了很长时间来大力宣传推广《早起的奇迹》这本书，直到很久之后，这本书的销量才开始出现显著增长。尽管前期如此，我仍然全身心地投入着我完成使命的过程之中，在 100 多份播客中接受着采访，推出了 50 多份自己的播客，在十几个早间电视节目上亮相，并且还做了许多额外的事情，最后我终于看到了这本书的销量开始大幅度攀升。

如果我一直在情感上依恋于短期的结果（这些结果是平庸的），我就会在第 2 个月……或者第 4 个月……或者第 12 个月放弃，肯定坚持不到第 18 个月。

幸运的是，我明白，如果真有什么成功的秘诀，那就是坚持你的过程，不要在情感上依恋短期的结果。在你收获每个成果之前，都会经历一个过程，只要长期坚持这个过程，成功终将变成必然。

另一个障碍是缺乏耐心。我们生活在一个即时满足的时代，我们的文化也倡导这种即时满足。如今，我们可以通过短信立刻联系到朋友，只要在手机上轻轻一划，就可以访问任何特定时刻让我们沉迷其中的各种媒体。我们甚至可以当天订购新的鞋子或者日用品。耐心的价值看来正在消失。

但说到创造奇迹，耐心是一个重要的组成部分。有些奇迹需要更长时间才能实现。例如，假设你打算写一本书，你是不可能一个下午就能写完的（除非是一本很短的书）。这需要坚持，即使你已经计算过每天要写多少字才能如期完成。

我写的每一本书，包括你正在看的这本，都比我最初预期的时间要长。我写完第一本书用了 6 年，写完第二本书用了 3 年。这本书则花了我 6 个月（我当时告诉我的出版商，我可以在 3 个月内写完，结果却花了 6 个月）。

缺乏耐心会导致你的压力水平飙升，使你更难坚持你完成使命的过程。缺乏耐心会扼杀你的创造力，阻碍你集中注意力，还将影响你在解决问题的过程中可能需要的灵感。如果你发现自己不耐烦地跺着脚，正在为还没有实现目标而不开心，请记住，你的目标是长期的，这是一种生活方式。

既然你已经掌握了克服一些常见的障碍（以成为一名奇迹专家）所需的策略和信息，那么就让我们进入 30 天挑战吧！

创造人生奇迹

奇迹公式 30 天挑战的成果

这是我首次将奇迹公式 30 天挑战介绍给全世界，所以，我还无法和你分享一大堆的例子。不过，"奇迹公式 30 天挑战"是参照"早起的奇迹 30 天挑战"而设计的，目前，全世界已有成千上万的人在使用后者。使用的效果令人十分吃惊。

在短短 30 天内，来自加拿大安大略省的道恩·波格

（Dawn Pogue）取得了以下这些成绩：

◎ 她戒烟了（30 天没有吸烟）

◎ 她每天锻炼着身体（进行了 30 天的椭圆机训练）

◎ 她戒掉了咖啡因（30 天没喝咖啡）

◎ 她的体形变得更好了（减重 11 磅）

◎ 她重新树立了信心

来自美国俄勒冈州塞伦市的吉莉安·珀金斯（Gillian Perkins）取得了以下这些成绩：

◎ 读完了三本书

◎ 企业业绩增长了 30%

◎ 为她下次买房的首付节省了 5 000 美元

◎ 一周会锻炼三次

◎ 将体脂率从 36% 下降到了 23%

◎ 着手写着第一本书

◎ 彻底整理和清扫了她的整套房子

来自德国科隆的乔治·格里奥拉基斯（Georgios Griorakis）实现了许多目标。包括：

◎ 在他的博客上撰写并发表了三篇文章

◎ 跑了一次半程马拉松

◎ 持续地遵循一个精心设计的营养计划

◎ 在锻炼身体的时候听了 20 多份播客

◎ 提升了他的信心、毅力和自律，总的来说，为他自
己能够成功地持续完成 30 天的挑战感到自豪

只需 6 步，你真的可以在 30 天内改变你的人生

奇迹公式 30 天挑战包含六个步骤，其中的三个你可能已经在这本书中完成了。如果是这样，恭喜你，你的挑战已经完成一半了！若是因为你实在是太兴奋了，一直在捧着这本书读（我不会责怪你，因为我也这样！），导致你在阅读的时候没有花时间去完成前三个步骤，那么，我将鼓励阅读步骤之后，再回过头去重温相应的章节，以便你完成每一个步骤。

现在我将告诉你，你可以在 30 天内改变你的人生。

第 1 步：确定你的第一项使命

还记得在第 6 章里我分享的关于我自己的故事吗？我决心参加一场 52 英里的超级马拉松，因为我讨厌跑步，所以想认识一下，并且成为那个家伙——到底是什么样的家伙才能成功跑完超级马拉松呢？现在，轮到你了。你的超级马拉松是什么？什么任务如此远离你的舒适区，以至于你甚至不知道自己需要变成什么样的人来实现它，但你却想要认识一下并且成为他？

要确定你的使命，只要看一看你所有的目标，问问自己：这些目标中的哪一个能让我成为我想成为的人，去实现我生活中其他一切想要的？这个问题的答案就是你的使命。

你会想让使命激发和鼓励你，但是，它也可能会有一点点吓到你，或者让你感到十分害怕。你也会希望这项使命有着足够的意义，能助你摆脱目前的生活方式，并且具有足够的挑战性，能使你提升自己的能力。所以你要确保你已经考虑了你的价值观和对你来说最重要的东西，因为你的使命应该非常有意义。然后，你就可以确定一个具体的、可衡量的奇迹了。它反映了你现在想要在人生中放大的价值，这将是你的第一项使命。

第 2 步：预先确定你的过程

能够清晰地看问题，将使我们充满活力。当我们确切地知道下一步该做什么，并且知道这么做会让我们更加接近最终目标时，我们就知道自己必将取得成功。这样的愿景将赋予我们动力。记住，让你的过程尽可能简单可行。一次只做一件事通常是最好的。如果你目前仍不知道你的过程应该是什么，那么，你第一步要做的事情就是研究和发现你的过程。

在谷歌上搜索与你的使命相关的免费文章。在亚马逊上搜索你的主题中排名最高的书。如果你的使命包括提升某种能力，掌握某项技能，或者成为某一主题的专家，那么，你第一步要做的事情可能就是练习和学习。记住，这是一种生活方式。

拉塞尔·西蒙斯（Russell Simmons）在他的书作《你做到了！：

为实现幸福与成功运用你的内在力量的 12 条法则》（*Do You!: 12 Laws to Access the Power in You to Achieve Happiness and Success*）之中说过："我知道有些人强调要'盯着奖赏'，但我不赞同。当你的眼睛盯着奖赏时，就会不断地磕磕绊绊，撞上东西。如果你真的想向前走，那就必须用双眼盯住脚下的路。"在我们这里，脚下的路代表着完成使命的过程。记住，我们在收获每一个结果之前，都会经历一个过程，持续不断实现目标的关键是坚持你的过程，而不是在感情上依恋短期的结果。

第 3 步：安排时间诵读你的奇迹公式自我肯定。每天如此。绝不间断

记住，只有通过坚持不懈的（每天）重复，我们的头脑才能向新的可能性开放。你不可能诵读一次至十次自我肯定，然后就指望着它改变你的思维。这就好比锻炼，必须长期坚持，才能获得回报。为了用信念来代替恐惧，并确保你的信念坚定不移，你需要每天都去强化它。所以，现在就拿出你的日程安排表，和自己订下一个约定，以诵读你的自我肯定。这个步骤只需要几分钟，你就可以着手去完成使命了。

第 4 步：安排"使命时间"，并对其负责

非同常人的努力在于持之以恒。它要求你执行预定的过程，并且每天至少做一件让你更接近完成使命的事情。我在日程安排表上给每天早上留出了 60 分钟的时间，标明为"使命时间"，以确保我

在做其他事情之前先把最重要的事情做好。对你来说，"使命时间"也许是 30 分钟或 60 分钟，一周 5 到 7 天，每日早晚，上班前后。也可以是周六和周日的各 4 小时，在和你的家人在一起放松或者你独自放松前。当你处于最佳状态，当你的精力和专注力处于巅峰时，一定要为你完成使命的过程安排好时间。对我来说，"使命时间"是早上。我下午的时候脑子有点不清醒。

在离开这一步骤之前，与你生活中的"责任伙伴"进行沟通，和他们分享你的决心，并且商榷好他们使你走上正轨的方法（如通过每日或每周的"签到"），明确你们之间的沟通方式。正是在这里，你的决心将开始生效，所以，要仔细考虑这一步，确保你的时间安排是合理和一致的。

第 5 步：每天评估你的过程和进展

虽然你不想在情感上依恋短期的结果，但你肯定还是想知道具体情况的。有时候，我们需要在前进的道路上调整我们的过程。另一些时候，反思我们的进步也是有帮助的。

我建议你每天练习一下，这样就可以让你意识到自己的任务，并且保持前进的动力。有些人喜欢在早上这样做，以反思前一天的进展，而另一些人则喜欢在晚上记录当天的活动。想想什么样的方式对你最有效。

你可以从一些问题开始，这些问题可能包括：

1. 我在过去 24 小时内取得的最大胜利是什么？

2. 我有没有遵循我的过程？

3. 我最大的改进空间是什么？

4. 我在哪些事情上可以采用不同的方式去做，或者做得更好？

5. 我迄今为止学到的经验教训有哪些？

6. 我需不需要改变或调整我的过程？

7. 我可不可以接触某些人来寻求建议或反馈？

第 6 步：在完成每项使命后评估你的经历

成功的个人和团队都有一个共同特征：他们在完成某个项目后，会花时间反思他们可以利用的经验教训。正如你知道的那样，你的每一个目标都重要，但是，你能从目标中获得的最大价值是你在实现该目标的过程中培养的品质与性格特征（也就是你将变成什么样的人）。在实现目标的过程中记住并整合你所学的内容，是成为奇迹专家的关键。

这里还有一些问题可以帮助你开始。

1. 我是不是达到了我的目标？

2. 有没有哪些事情我原本可以采取不同方式去做或者做得更好？

3. 我从这里学到了什么？

4. 我将为我的下一个奇迹使命改变些什么？

　　要知道，随着你为你的第一项使命做好准备，你就拥有了每天以奇迹专家的身份来生活并且创造你能想象的最不平凡人生所需的一切。事实上，你一直都有这种能力，而我只是想让人们聚焦这种能力。希望你在和我一起的这段时间学到了你需要学习的东西，同时祝愿你在你的第一项使命和接下来的使命中取得巨大成功。现在，当你决定使你最重大的目标从"也许"实现，到"可能"实现，再发展到"必然"实现的时候，你只需要做出两个决定。是时候开始创造奇迹了。

这不是结束，甚至不是结束的开始。但这可能是开始的结束。

温斯顿·丘吉尔（Winston Churchill），英国政治家

创造你想要的人生，
是你与生俱来的权利

我们在一起的这段时间讨论了很多内容，我想感谢你们和我一同走到最后，当然，你已经更加接近旅程的开始了。我在向你解析奇迹的过程中总是会试图告诉你，奇迹是多么实际和现实。许多人把奇迹想象得十分神秘，甚至你第一次拿起这本书的时候可能也会这么想，但是，奇迹实际上并没有什么神秘之处。或者，至少你将积极发现和创造的具体的、可衡量的奇迹，并不是那么神秘。

遵循奇迹公式并运用我们已经讨论过的更多方法，你将在生活中一次又一次地创造奇迹。只要你坚持我们在本书中探讨的两个决定，你将不可避免地取得成功，你还会发现，你想要的一切都可能

实现。我知道这是一个很大的承诺，但是我已经看过它成功太多次了，所以，我知道这个承诺是可以兑现的。

我很幸运近 20 年来坚持运用奇迹公式生活着，它使我有机会克服威胁我生命的挑战，并且创造我一直想要的人生。我也有幸成为其他人创造的奇迹的一部分，见证他们克服内心的冲突，做到了他们曾经认为不可能的事情。这不是通过魔法做到的，也不是通过盯着愿景板做到的，而是通过积极地做出并坚守"坚定不移的信念"和"非同常人的努力"这两个决定做到的，这两个决定是世界历史上最成功、取得最高成就的人们曾经做出过的决定。

你也可以有同样的经历，也可以在你的人生中创造非凡的改变，而且速度比你想象得更快。在接下来的 30 天里，你可以克服那些曾让你停滞不前的恐惧、怀疑和内心的冲突。你有能力去证明，你以前认为不可能的事情，其实是可能的。你将再也没有限制。去获得你想要并且愿意创造的人生，是你与生俱来的权利。

至于将你最宏大的目标从"也许"实现发展到"可能"实现，再发展到"必然"实现，对此你要知道，这不是你愿不愿的问题。因为无论你愿不愿意，你最终都能做到。你运用奇迹公式时，最大的变量就是时间，也就是完成使命需要多长时间。事情往往比我们想象或希望的要更花时间，但回报总是值得付出努力并值得等待的。

当你发现你在不切实际地希望你会比现在的你走得更远，或者，当你发现你在拿你现在的位置跟别人的位置进行比较时，请牢牢记住，等到你终于达到你已经为之努力了很久的目标时，这时你的心态几乎都是不希望它早一点发生。

　　相反，这时你会明白，追求目标的过程以及你在这个过程中耗费的时间，都是完美的。你遇到的挑战和障碍，对你的成长必不可少。因此，无论你现在处于什么阶段，都要对自己的现状保持平和心态，同时保持一种健康的紧迫感，每天都取得持续的进步，这样才能确保你达到目标。你终会实现你的目标，而且时机恰到好处。

　　还记得吧，我在前言中说过，我下定决心通过这本书实现的奇迹是逐渐提升我们对人的认识。虽然我猜你第一次读的时候可能会翻几下白眼，但希望你现在能明白，这项使命到底有多大的可能性实现。我每天都会继续运用奇迹公式来达成这个目标，直到我感觉它已经发生了奇迹。就这么简单。我知道，随着时间的推移，我的使命将从也许变成可能，最终变成必然，没有其他选择。

　　那么你怎么样呢？你确定了你的第一项使命了吗？你在为30天的挑战做准备吗？

　　你出发的时候，请拓展思维，超越自己。当然，围绕我们个人的追求来创造奇迹是很好的（这些奇迹很重要），但也不要忽略了更宏观的场景。既然你知道如何创造具体的、可衡量的奇迹，那你也有责任选择自己要创造哪些奇迹。看看你周围的世界。你忽略了什么？什么是你还想更多地看到的？你可以在哪里留下你独特的个人印记？你会给这个世界留下什么东西来传承下去？是的，从你自己和家人开始，然后再影响你所在的社区，一步步成长。作为一名奇迹专家，你影响他人的潜力也是无限的，这是我们任何人都不应该掉以轻心的责任。

　　正如你现在知道的那样，按照两个简单的决定生活，将为你开创一个新的可能性的范式，而你决心将哪些可能性转化为必然性，则取决于你自己。没有什么目标、梦想或使命是过于宏大，且宏大到你无法完成的，因为你不可能失败。你只可能学习、成长，变得比以前更好。我迫不及待地想听到或见证你创造的奇迹了。

共读书单

以下是历年来我们的读者推荐的各类兼具权威性和实用性的经典作品。

掌控人生

《早起的奇迹》（*The Miracle Morning*）

哈尔·埃尔罗德（Hal Elrod）

《知道做到自学的科学》（*The Science of Self-Learning*）

彼得·霍林斯（Peter Hollins）

《时间管理的奇迹》（*Procrastinate on Purpose*）

罗里·瓦登（Rory Vaden）

创新管理

《真北》（*True North*）
比尔·乔治（Bill George）

《数据化决策（第三版）》（*How to Measure Anything, 3rd Edition*）
道格拉斯·W. 哈伯德（Douglas W. Hubbard）

《聘谁》（*Who*）
杰夫·斯玛特（Geoff Smart）和兰迪·斯特里特（Randy Street）

《知道做到》（*Know Can Do!*）
肯·布兰佳（Ken Blanchard）、保罗·梅耶（Paul J. Meyer）和迪克·卢赫（Dick Ruhe）

心灵力量

《轻疗愈》（*The Tapping Solution*）
尼克·奥特纳（Nick Ortner）

《恰到好处的亲密》（*Stop Being Lonely*）
基拉·阿萨特里安（Kira Asatryan）

《感恩日记》（*Gratitude diaries*）

贾尼丝·卡普兰（Janice Kaplan）

致富之道

《财富流》（*The Millionaire Master Plan*）

罗杰·詹姆斯·汉密尔顿（Roger James Hamilton）

《巴菲特的护城河》（*The Little Book That Builds Wealth*）

帕特·多尔西（Pat Dorsey）

《财务自由笔记》（*Millionaire Teacher*）

安德鲁·哈勒姆（Andrew Hallam）

《浪潮式发售》（*Launch*）

杰夫·沃克（Jeff Walker）

经济洞察

《躁动的帝国》（*The Untold History of the United States*）

奥利弗·斯通（Oliver Stone）和彼得·库茨尼克（Peter Kuznik）

《国家兴衰》(*The Rise and Fall of Nations*)

鲁奇尔·夏尔马(Ruchir Sharma)

《即将到来的地缘战争》(*The Revenge of Geography*)

罗伯特·D.卡普兰(Robert D. Kaplan)

《美元陷阱》(*The Dollar Trap*)

埃斯瓦尔·S.普拉萨德(Eswar S. Prasad)

人文新知

《黑洞简史》(*Black Hole*)

玛西亚·芭楚莎(Marcia Bartusiak)

《未来科技通史》(*Here Be Dragons*)

奥勒·哈格斯特姆(Olle Häggström)

《物理就是这么酷》(*In Praise of Simple Pyhsics*)

保罗·J.纳辛(Paul J. Nahin)

《石像、神庙与失落的世界》(*Jungle of Stone*)

威廉·卡尔森(William Carlsen)

奇迹公式
自我肯定模板

□ 将坚定不移的信念作为我的默认心态。

□ 付出非同常人的努力将是我生活中平凡的一部分。

□ 我将一次又一次地创造具体的、可衡量的奇迹。

1. 我决心保持坚定不移的信念，我将（写下你在第 6 章中声明过的使命）：

_____

_____

_____

并且继续付出非同常人的努力，直到完成这一使命，无论如何都要做到。

2. 我致力于完成我的使命,因为(写下对你有深刻意义的"为什么",也就是通过追求并实现你的使命,你将体会到的最重要好处):

_____

_____

_____

3. 为了确保我必定完成使命, 我将继续致力于在 (写下日期和时间) 执行以下过程 (写下你的过程):

_____

_____

_____

而不对短期的结果产生感情上的依恋。

4. 我致力于完成我的使命, 每天都像奇迹专家那样生活, 因为我知道, 我和地球上的其他人一样值得、理应、有能力创造奇迹, 实现我想要的一切。

我在此签名并承诺每晚睡前阅读以上内容。

签名:_____

日期:_____

"30天奇迹公式挑战"打卡表

　　为了"快速启动"你的奇迹公式，你必须通过每天跟踪你的进展情况来创造持续的进步，从而开始对奇迹公式实现的过程有一个完整的体验。在"30天奇迹公式挑战"打卡表中的第一个习惯是进行"神奇的早起"计划，这一项是可选的，但强烈建议你通过这项习惯来照顾自己，并提升你的身体素质、智力、情感和精神能力，这样你就能更好地完成自己的使命。其余4个习惯以及你添加的任何习惯将增强你坚持奇迹公式的能力。

　　每天记录你的进步！养成更多能帮助你完成使命的习惯，它们可以包括良好的睡眠、运动、健康饮食或任何对你有帮助的事情。

　　跟踪自己的进步会带来巨大的好处，因为这是一种很好的问责方式，在每次你坚持到底的时候都会给你积极的、有形的强化。每次你检查自己是否养成了一个习惯的时候，你都在展示自己非同常人的努力，而这将滋养你坚定不移的信念！

表 1 "30 天奇迹公式挑战" 打卡表

奇迹公式（日常习惯）	1	2	3	4	5	6	7	8	9	10	11	12	13	14	15	16	17	18	19	20	21	22	23	24	25	26	27	28	29	30
1. "神奇的早起" 计划（S.A.V.E.R.S. 人生拯救计划）																														
2. 诵读奇迹公式自我肯定宣言																														
3. 执行你的日程安排																														
4. 向责任伙伴报告进展																														
5. 评估每天的过程和进展																														
6.																														
7.																														
8.																														
9.																														
10.																														

彼此支持，成就我们的闪亮人生

我想对帮助我完成这本书的人们表达由衷的感谢：

我挚爱的妻子，我的梦中情人，厄休拉。你是我能期望共度一生的最了不起的妻子，也是一位最了不起的母亲。有你坚定不移的支持，我做的每一件事都将成为可能。我的心非你莫属，但你要答应和以下两个人分享我的心……

我们的孩子，苏菲和哈尔斯顿。你们是我的灵感源泉，对我来说比世界上的一切都重要。

感谢我的父母马克和朱莉。如果我可以回到我生命的开始来选择自己的父母，不论怎么选，我还是都会选择你们！我之所以是我，是因为你们无条件的爱和影响。

感谢我的姐姐海莉总是相信我，你是我深爱和尊敬的人。

感谢我的运营总监蒂芙尼·斯温纳哈特（Tiffany Swineheart）。你为我的人生增添了太多价值，我对你的感激之情难以言表。你是最棒的，蒂芙尼。

感谢我的好朋友和商业伙伴乔恩·伯格霍夫（Jon Berghoff）。我在医院与癌症搏斗时，你以各种方式支持我和我的家人。我爱你，好兄弟。

感谢我的朋友霍洛里·科德（Honorée Corder），他也是《早起的奇迹》系列书作的共同作者之一。当我在医院与癌症抗争时，你也挺身而出（我记得你在这个系列中出版了两本书！）帮助我和我的家人。我爱你，霍洛里·科德！

感谢我在 Sterling Lord Literistic 作家经纪公司中的世界一流经纪人约翰·马斯（John Maas）和塞莱斯特·法恩（Celeste Fine），因为他们坚定不移的信念和非同常人的努力，使得这本书的出版成为现实。

感谢艾米丽·克莱因（Emily Klein）帮助我重点关注我的多动症大脑，并且将我通常不连贯的抱负转变成连贯的概念，以分享给这本书的读者。

感谢戴安娜·布洛尼（Diana Baroni）和企鹅兰登书屋（Penguin Random House）的团队相信《奇迹公式》这本书，并将它奉献给全世界的读者。

全球各地"早起的奇迹"社群中的每一位成员，感谢你们每天醒来后都发挥自身的潜力，并且彼此支持他人释放自己的潜力。我们在共同努力，每天花一个早晨时间来真正地提升人性意识。我爱你们所有人！

哈尔·埃尔罗德
（Hal Elrod）

他创造了奇迹，他就是奇迹本身

哈尔·埃尔罗德的亲身经历告诉我们：每个人都可以战胜逆境，创造自己想要的非凡人生。20 岁那年，哈尔的车被一辆雪佛兰汽车迎头撞上，他当场"死亡"6 分钟，折断了 11 根骨头，脑袋也遭受了永久性的损伤，昏迷 6 天后醒来，甚至从医生那里得知可能瘫痪的噩耗。但他努力地从重伤中恢复过来了。28 岁时，他经历金融危机，负债 287 万美元，一度患上抑郁症，但后来不但扭转了经济情况，还达到了财富自由。然而，在 2016 年，哈尔几乎再次"死亡"，他被诊断患有一种罕见的、存活率极低的急性白血病，他的肾、肺和心脏都在衰竭，但他却用坚强的意志力抗癌成功。

不管身处何种逆境，他都拒绝自暴自弃。哈尔努力入选了公司名人堂，成了超级马拉松选手以及英文亚马逊上排名第一的畅销书作家。他还成为嘻哈音乐唱片艺术家、国际励志演说家，最重要的是成为一位优秀的丈夫和父亲。哈尔用自己的人生经历告诉世人：

如何才能克服挑战，挖掘个人体内蕴藏的无穷潜力。

这些他人眼中的"奇迹"，其实都是作者坚守"两个决定"的结果。哈尔将成功的过程归纳为简单的"奇迹公式"，通过亲身实践证明它的有效，并让无数人了解如何超越限制、克服内心的恐惧和不安，实现理想中的自己。

哈尔的第一本书《早起的奇迹》自出版以来，连续8年占据英文亚马逊畅销榜榜首，已被翻译成37种语言，影响了90多个国家数百万人的生活。作为"神奇的早起"的创始人，哈尔认为自己有责任创建一个在线社区，让《早起的奇迹》和《奇迹公式》在世界各地的读者和粉丝都能够交流心得、分享经验，以及相互支持。他们可以在这里讨论这些书，发送视频，找朋友，甚至交换各自的独创方法。

早起俱乐部的会员每天早晨都带着目标醒来，决心发挥自己的潜力。早起俱乐部也因此成为非常具有正能量的、鼓舞人心的、活跃且负责的在线社区。你可以访问 www.MyTMMCommunity.com，并在脸书上加入早起俱乐部。在这里你会遇到无数的同伴，他们可以给予你额外的支持，帮助你早日取得成功。

哈尔同时还是美国最厉害的励志演说家之一。各大企业、非营利组织会定期邀请哈尔担任他们的会议或募集资金活动的演说嘉宾。他怀着极大的热情为年轻人带去正能量。过去十几年，哈尔始终被会议策划人视为排名第一的大会发言人。他的演说风格十分独特，非常擅长用难以置信的真实故事激励听众。他的演说语言充满了活力、幽默十足，经常逗得人们哈哈大笑。同时他还会跟听众分享许多具体的策略，教人们如何提升自己的人生。

美国数十家电视台和广播台都邀请哈尔做节目，许多畅销书中也提到过他，包括《价值百万美金的 7 堂人生经营课》(*The Education of Millionaires*)、《优势销售》(*Cutting Edge Sales*)、《在前排度过大学生涯》(*Living College Life in the Front Row*)、《在线平台建立权威指南》(*The Author's Guide To Building An Online Platform*)、《轰动销售》(*The 800-Pound Gorilla of Sales*) 以及蜚声全球的《心灵鸡汤》系列 (*Chicken Soup for the Soul series*)。

作为我们的主讲嘉宾，哈尔总是能够得到听众长时间的起立鼓掌，同时也被我们公司列在 30 多名演讲嘉宾之首。

——卡特扣餐具制造公司（Cutco Cutlery）

哈尔曾为我们公司 400 名销售员和经理进行演讲。他给我们制订了一个简单的计划，我们没有其他更好的选择，只能马上执行。

——艺术凡家具公司（Art Van Furniture）

我们最正确的投资之一就是邀请哈尔担任我们公司年会的演讲嘉宾。

——富达国民保险公司（Fidelity National Title）

中　资　海　派　图　书

《早起的奇迹：那些能够在
早晨8:00前改变人生的秘密》

[美] 哈尔·埃尔罗德　著

易伊　译

定价：　59.80元

要么躺在床上等待生活的暴击
要么早起创造奇迹

　　谁说世上没有奇迹？哈尔·埃尔罗德证明了他就是个奇迹！他15岁就拥有了自己的电台节目，20岁时已经是一家市值2亿美元公司的顶尖销售员。但很快，他就跌进了人生深渊，在一场严重车祸中"临床死亡"6分钟，醒来后被判定大脑损伤，下半生只能在轮椅上度过。但他隔年就回到公司，更在近6万名业务员中高踞成交量第6名。如今的哈尔不但能跑能跳，更是畅销书作家和励志演说家，还是超级马拉松选手。

　　他究竟是怎么做到的？在人生低潮时，哈尔接受朋友的建议早起晨跑，意外从中领悟出"S.A.V.E.R.S. 人生拯救计划"，只要每天早起1小时做6件事，就能彻底改变你的人生、健康、财富和人际关系。

《早起的奇迹：有钱人早晨
8 点前都在干什么？》

[美] 哈尔·埃尔罗德　大卫·奥斯本

霍诺丽·科德　著

曹烨　译

定价：62.00元

当别人都在沉睡
你却在用每个"神奇的早起"创造财富！

成为有钱人的真正秘密不在于能做多少事，而在于能做出多少改变。在《早起的奇迹：有钱人早晨 8 点前都在干什么？》这本书中，哈尔将与知名企业家、财富建设顾问大卫·奥斯本一起为你解答有钱人如何将"神奇的早起"利用到极致，从而不断创造财富奇迹。

- 你会发现早晨和财富之间不可否认的联系；
- 想要成为有钱人，你必须做出四个选择；跳出思维定势，确定早起"飞行计划"，撬动资源杠杆；懂得何时该放弃，何时该坚持，才能使财富持续倍增。
- 搭建你的自我领导体系，以绝对会产生结果的方式进行自我肯定。

早起的真正价值就是，在那段安静的时间里，当世界都在沉睡，而你却完全掌控了自己的人生，这就是你发现每一天不可思议的潜力，进入致富快车道的时候。

海派阅读
GRAND CHINA

READING YOUR LIFE

人与知识的美好链接

20 年来，中资海派陪伴数百万读者在阅读中收获更好的事业、更多的财富、更美满的生活和更和谐的人际关系，拓展读者的视界，见证读者的成长和进步。

现在，我们可以通过电子书（微信读书、掌阅、今日头条、得到、当当云阅读、Kindle 等平台）、有声书（喜马拉雅等平台）、视频解读和线上线下读书会等更多方式，满足不同场景的读者体验。

关注微信公众号"**海派阅读**"，随时了解更多更全的图书及活动资讯，获取更多优惠惊喜。读者们还可以把阅读需求和建议告诉我们，认识更多志同道合的书友。让派酱陪伴读者们一起成长。

了解更多图书资讯，请扫描封底下方二维码。 微信搜一搜 🔍 海派阅读

也可以通过以下方式与我们取得联系：

📱 采购热线：18926056206 / 18926056062　　📞 服务热线：0755-25970306

✉ 投稿请至：szmiss@126.com　　🌐 新浪微博：中资海派图书

更 多 精 彩 请 访 问 中 资 海 派 官 网　　www.hpbook.com.cn >